今すぐできる 建設業の 工期短縮

降籏達生 著

日経コンストラクション 編

日経BP社

はじめに

現場運営に際して、工期を短縮する意義は大きい。発注者は、早くその建設物を使用し、利益を享受できる。近隣住民にとっては、工事に伴う騒音や振動などの被害を受ける期間が短くなる。施工する建設会社にとっても、社員や作業員の拘束期間が短くなる。まさに工期短縮は、工事成功の要だ。

しかし、現実には容易ではない。現場条件がますます厳しくなっているからだ。

本書ではまず第1章で、工期短縮のメリットを確認する。労働生産性、顧客満足度、業績、人員確保、安全、環境の観点で考える。

第2章では、工期を短縮するための工程管理手法5つのポイントを解説。続く第3章から第7章で、これら5つのポイントについて詳細に説明する。

「①旗を立てよ」では、工事に取り掛かる前に作成する工程表の作り方を解説する。大切なことは歩掛かりをもとに工程を組み上げることだ。

「②行き方を変えよ」では、通常とは異なる施工方法を考案することで工期短縮する手法について解説する。ここではVE手法を用いることが重要だ。

「③ムダを省け」では、工事施工に際して生じる手待ち、手戻り、手直しなどのムダをなくし、いかに工期遅延を防ぐかを解説する。

「④マイルストーンで改善せよ」では、工程の中間チェックの重要性、そしてその手法を解説する。想定外のことが発生しても、工期を守り切るためには中間チェックで気付いたことを改善につなげることが重要だ。

「⑤来た道を振り返れ」では、実績まとめ、歩掛かりまとめの方法について解説する。工事が終わったらその知見を次の工事で活用することが重要だ。

第8章、第9章は、技術者が業務時間を短縮するための時間管理術や、技術者が身につけるべき「習慣」を解説する。

最後に第10章にて黒部ダム、東日本大震災、鳥山頭ダム工事で「もうだめだ」と観念しかけたとき、技術者がいかにその困難を克服したかを紹介する。

本書が今後の現場運営、さらには建設業界繁栄の一助になれば幸いである。

2018年6月

ハタコンサルタント株式会社
代表取締役　降籏 達生

目次

はじめに …… 3

第1章 工期短縮6つのメリット …… 7

【メリット1】労働生産性の向上 …… 8

【メリット2】顧客満足度の向上 …… 11

【メリット3】業績の改善 …… 11

【メリット4】人手不足の解消 …… 13

【メリット5】事故の抑制 …… 14

【メリット6】環境負荷の低減 …… 15

コラム「安全を守ろうとすると
工期や予算が守れない」は本当？ …… 16

第2章 工期を短縮する工程管理手法 …… 19

1 引き渡し日をゴールにPDCAサイクルを回す …… 20

2 工程管理5つのポイント …… 22

第3章 工程管理のポイント① 旗を立てよ …… 27

1 バーチャート式工程表とネットワーク工程表 …… 28

2 ネットワーク工程表の基礎知識 …… 31

3 工程表作成手順 …… 40

4 工期短縮5つの手法 …… 60

5 工期と原価の関係 …… 64

6 事例で学ぶ …… 68

7 標準歩掛かり一覧 …… 74

第4章 工程管理のポイント② 行き方を変えよ 89
1 VE手法 90
2 工程のリスクアセスメント 98
3 現場改善ツール 108
4 オズボーンのチェックリスト 110
5 IT化の推進 111
6 サイクル工程表 119

第5章 工程管理のポイント③ ムダを省け 121
1 人的要因 122
2 機械的要因 126
3 方法要因 129
4 材料要因 150

第6章 工程管理のポイント④ マイルストーンで改善せよ 153
1 なぜ中間チェックが必要なのか 154
2 工程が遅れる理由とは 155
3 進捗率でなく、あと何日? 157
4 月間・週間管理方法 158
5 日報管理方法 160
6 進捗確認方法 178
7 「余裕工程」を把握せよ 180

目次

第7章 工程管理のポイント⑤ 来た道を振り返れ……183

1 実績工程表の作成……184
2 実績をまとめる……185
3 歩掛かりのまとめ方……185
4 工程管理で工事成績を上げる……198

第8章 一流技術者の時間管理術……201

1 時間の使い方の問題点を見つける……202
2 「誰がどのようにやるか」で仕事の仕方が変わる……205
3 自分の時間の使い方を振り返り、改善する……207

第9章 効率的に仕事をする人の習慣……211

1 スケジュールを守れない人の6つの理由……212
2 論理的な計画だけでは、目標を達成できない……216
3 時間のムダをなくす5つの方法……218
4 時間の使い方がうまくなる「30分の法則」……223
5 目に見えない変化「きざし」を先読みする……225
6 良い習慣が仕事に良い影響をもたらす……228

第10章 「もうだめだ」を克服した猛者たち……233

1 決死の大発破で8カ月の遅れを挽回した黒部ダム……234
2 東日本大震災から過去最速で復旧した東北新幹線……238
3 100年前に台湾で東洋一のダムを造った八田與一……240

第1章
工期短縮 6つのメリット

【メリット1】労働生産性の向上

【メリット2】顧客満足度の向上

【メリット3】業績の改善

【メリット4】人手不足の解消

【メリット5】事故の抑制

【メリット6】環境負荷の低減

本書を手に取った皆さんは、会社の上司に「工期短縮」を命じられたことが一度はあるだろう。

では、なぜ工期短縮が必要なのか。

「所定の工期に間に合わせるため」とか「工事の遅れを取り戻すため」とか答える人が多いのではないか。

もちろん、そうした理由もある。

しかし実は、それ以外にも多くのメリットがあるからこそ、上司はあなたに工期短縮を勧めるのだ。

そこで、本書ではまず、工期を短縮するメリットから話を始めよう。

工期短縮には大別すると6つのメリットがある。それらをしっかり頭に入れておくことで、目的意識を持って工期短縮に取り組むことができるだろう。

【メリット1】労働生産性の向上

1つ目のメリットは、「労働生産性の向上」だ。

労働生産性は、下の算式で表される。

図1. 生産性はどのように算出すればよいのか

社員1人当たりの生産性

$$\text{労働生産性} = \frac{\text{完成工事総利益} + \text{完成工事原価のうち労務費}}{\text{直用労働者数（技術・技能社員数）}}$$

技能労働者も含めた1人当たり生産性

$$\text{労働生産性} = \frac{\text{完成工事総利益} + \text{完成工事原価のうち労務費} + \text{完成工事原価のうち外注費}}{\text{年間延べ人工数}}$$

「社員1人当たりの生産性」とは、完成工事総利益（粗利益）に完成工事原価のなかの労務費を加えたもの（限界利益）を、建設会社の社員数で除したものだ。社員1人当たりの限界利益を表し、1人当たりの付加価値ともいう。以下の表1のように評価できる。

表1.「社員1人当たりの生産性」による評価

A評価	1500万円以上	優
B評価	1000万円以上1500万円未満	良
C評価	1000万円未満	要努力

「技能労働者も含めた1人当たり生産性」とは、粗利益に完成工事原価のなかの労務費と外注費を加えたものを、年間延べ人工数（工事現場で働いた総労働者数）で除したものだ。

つまり、前者は自社の社員1人当たり、後者は協力会社の労働者も含めた労働者1人当たりの労働生産性を算出したものだ。

いずれの方式で算出するにしても、労働生産性を上げるには「直用労働者数」や「年間延べ人工数」を減らさなければならない。

自社の社員であれ、社外の技能者であれ、工事に携わる労働者の延べ人数を減らすには、労働者が工事に関わる延べ時間、すなわち工期を短縮することが必要となる。

裏を返せば、工期を短縮することで労働生産性を上げることができるわけだ。

では、どのように工期を短縮するか。

鍵を握るのが工程管理だ。

工程管理はまず、工程表を作成することから始める。

工程表には、工事に使用する人、機械、材料、作業方法を記載する。

これによって、作業の計画を示すとともに、作業のムダも可視化する。この可視化したムダを省くことで生産性を向上させることができる。

つまり、人、機械、材料、作業方法が見える工程表をつくると、現場のムダが見えるようになり、そのムダを削減することで「直用労働者数」や「年間延べ人工数」が減り、生産性が向上する。

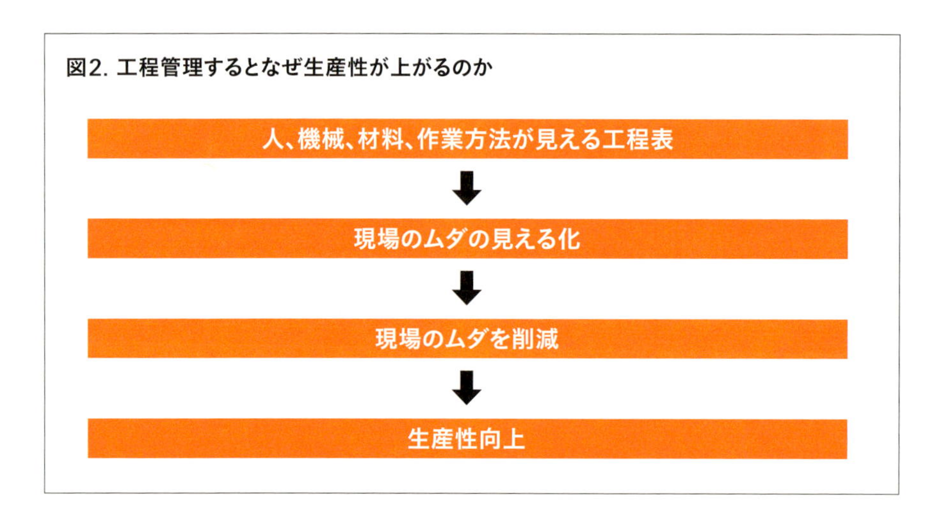

工程管理を綿密に行うと、原価管理も厳密に行える。

原価管理は、実行予算書だけでは徹底できない。実行予算書からは現場のムダが見えないからだ。工程表から現場のムダを読み取り、作業方法を見直すなどして、工事に使用する人や機械、材料を減らすことで、初めて原価を下げることができる。

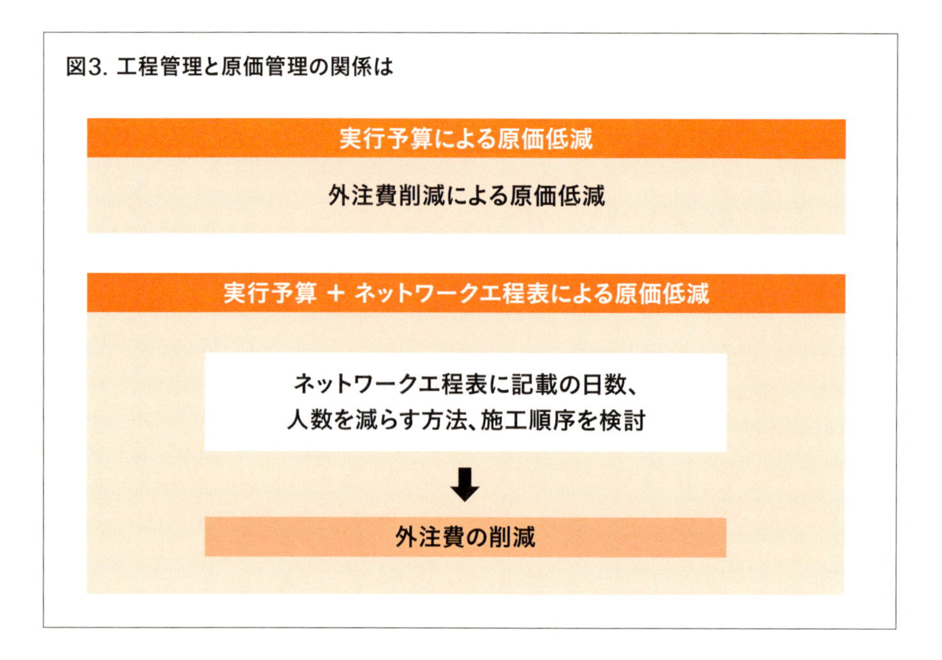

【メリット2】顧客満足度の向上

発注者は明確な目的意識を持って建設工事を発注する。例えば住宅の新築工事では、「子どもの通う学校の新学期に間に合わせたい」とか「工事中の仮住まいの期間を短くしたい」とかいった要望を施主は持っているものだ。

建設工事の目的は発注者によって様々だが、総じて言えるのは、受注者にとって着工日から完成日までの期間（工期）にさほど余裕がないことだ。用地の手当てや建物の設計、行政への申請、建設資金の確保などに時間がかかり、着工が遅れることが多いからだ。

しかし発注者とすれば、着工が遅れたからといって、完成日を延ばすわけにはいかない。発注者はできるだけ短い工期で建物を造ってくれる建設会社に工事を依頼したいはずだ。

建設会社が工事を受注するには、工期を短縮できる能力を備えていなければならない。発注者が想定するゴールに間に合わせるように工期を短くして、その目的を達成することができれば、顧客満足度は向上する。そうなれば、次の工事につながる可能性も高くなる。

【メリット3】業績の改善

ある建設会社が1億円の工事を1年間で完成させたとしよう。粗利益率が15%であれば、この工事で1500万円（1億円×0.15）の粗利益を得たことになる。

この会社が同じ工事を10カ月で終わらせ、さらに残りの2カ月で2000万円の工事を追加で施工し、計1億2000万円の工事を1年間で完成させたとしよう。粗利益率が同じ15%であれば、この会社は1800万円（1.2億円×0.15）の粗利益を得たことになる。

粗利益が300万円増えれば、会社の売り上げが上がるのはもちろんのこと、工事担当者の評価もワンランク上がる。

「建設業で働く人の評価は粗利益で変わる」とよく言われる。

もちろん、粗利益がそのまま給与になるわけではない。

ある工事担当者の給与が40万円だとすると、法定福利費や福利厚生費、賞与などを含め、会社はざっと50万円の経費をその社員のために負担しなければならない。加えて、総務や経理など間接部門にかかる経費も賄わなければならない。工事担当者が自分の給与分（40万円）の利益を上げているだけでは、実は会社にとって「赤字の社員」になりかねない。

会社にとって有用な社員になるには、給与の何倍もの粗利益を稼ぐ必要がある。以下のような言い方がある。

表2. 貢献度で4つに分類される「じんざい」

人財	給与の3倍以上の粗利益を稼ぐことができる人
人材	給与の1～3倍の粗利益を稼ぐことができる人
人在	給与の1倍の粗利益を稼ぐことができる人
人罪	給与分の粗利益を稼げない人

同じ「じんざい」という言葉でも、会社への貢献度によって4つに分類されるわけだ。多くの人は「人材」であろう。

では、「人財」にステップアップするにはどうすればよいか。

工期短縮がその方法の1つになり得る。

給与が40万円（経費含めて50万円）だとしよう。

1年間に1億円の工事を完成させる場合、粗利益利率15％であれば粗利益は1500万円になるので、

1500万円÷（50万円×12カ月）＝2.5倍
→人材となる。

一方、工期短縮できて1年間に1億2000万円の工事を完成させる場合、粗利益率が同じ15％であれば粗利益は1800万円になるので、

1800万円÷(50万円×12月)=3倍
→人財になることができる。

つまり、工期を短縮して粗利益を300万円増やすことで、会社にとってなくてはならない存在になれるわけだ。

【メリット4】人手不足の解消

周知のように、建設業界では担い手不足が顕著になっている。

日本の生産年齢人口は、高齢化により2014年の7780万人から25年に7085万人へと、10年間で約700万人減少すると予測されている。

なかでも、建設技能者の減少は著しい。25年度までに128万人の大量離職が発生し、14年度の343万人から250万人程度にまで減少する。

図4. 建設技能労働者過不足率推移

(季節調整済み、プラス=不足、8職種合計)

建設技能者が減ると、国土の安全にも影響が出る。地震や台風、洪水など自然災害からの復旧を最前線で支えているのは建設技能者だからだ。建設技能者の確保・育成は、建設業界のみならず、国を挙げて取り組まなければならない重要な課題と言えるだろう。

では、工期短縮が人手不足の解消にもつながることをご存知だろうか。

仮に、生産性の20%アップに成功して、工期を20%短縮することができたとする。

そうすると、14年時点で343万人の技能労働者で施工していた出来高が、285万人(343万人÷1.2)で施工できるようになる。

つまり、60万人近くの建設技能者が別の現場で働けるようになるわけだ。

前述したように建設技能者の確保・育成は重要な課題だが、実は建設業に携わる一人ひとりが工期短縮を意識するだけで、建設技能者不足の解消に寄与できる可能性が出てくる。

工期短縮は、会社の売り上げや個人の評価を上げるだけではなく、建設業の問題まで解決に導く可能性を秘めている。使命感を持って取り組んでほしい。

【メリット5】事故の抑制

工期短縮によって、建設工事現場の最重要課題である労働者の安全を守ることもできるかもしれない。

後の章で詳述するが、工期短縮には様々な方法がある。

機械化やIT(情報技術)化を通じて工事を省力化し、その結果として工期を短縮できれば現場の総労働時間は減る。そうなれば、現場で働く作業員が事故に遭う確率が低下するため、安全性が向上する可能性がある。

一方、作業員の1日当たりの稼働人数を増やしたり、休日出勤や残業時間を増やしたりする方法で工期短縮を図ると、総労働時間は減らない。それどころか、不慣れな作業や過労による事故が発生する確率が高まる。

工期短縮が必ずしも事故の減少につながるわけではないが、現場の省力化に取り組むことで事故を抑制できる可能性はある。

【メリット6】環境負荷の低減

建設工事が環境に与える影響は、「質」と「量」によって決まる。

工期を短縮すると、質は変わらないものの、量を減らすことができる。

例えば、建設工事に起因する騒音や振動について、工期が短くなれば、周辺住民への負荷が確実に小さくなる。

同様に、水質汚濁や大気汚染についても、工期を短縮して負荷総量を減らすことができれば、環境への影響は確実に低下する。

つまり、工期短縮は環境保全の観点でもメリットが大きいわけだ。

コラム

「安全を守ろうとすると工期や予算が守れない」は本当？

日本の労働災害死亡者数は年間で約1000人。そのうち、建設業が全体の約3割を占め、産業別死亡者数では最も多い。しかも、ここ数年、建設業の死亡者数は減少していない。その理由として、「生産性（工期や予算）を重視するあまり、安全をないがしろにしている側面があるからだ」とも言われている。

現場からも「安全を守ろうとすると工期や予算が守れない」という声がよく聞こえてくるが、本当にそうなのだろうか。

まずは、安全対策から考えてみよう。安全対策には、人、設備、材料、方法の4つの観点がある。

図5. 安全を守ると本当に生産性は落ちるのか

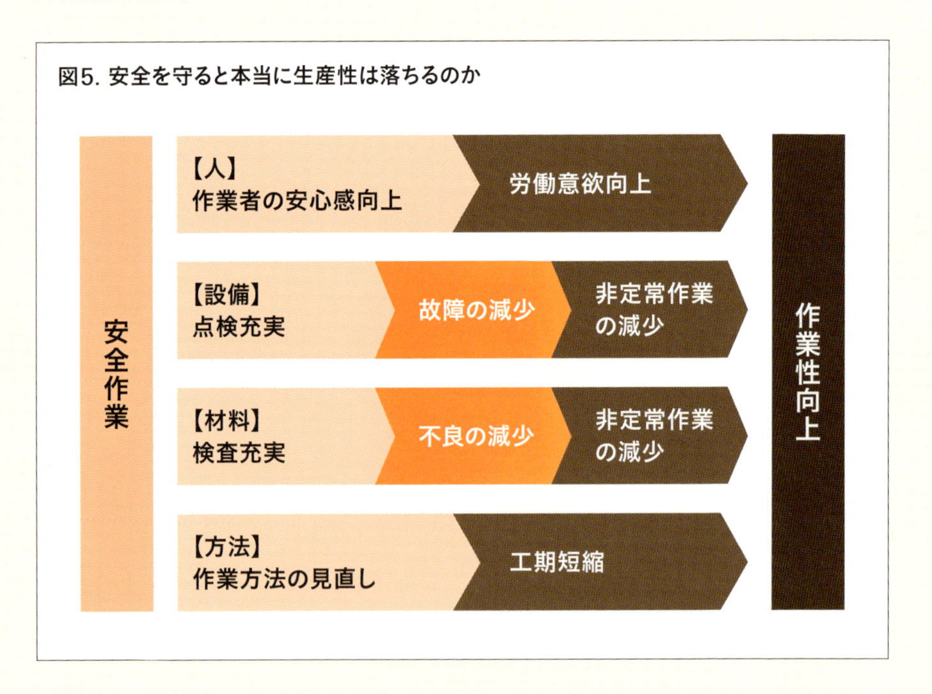

【人】

ヒューマンエラーをなくすこと。安全設備を充実させ、安全教育を徹底すると、作業員が安心して作業できるようになる。そうすると、労働意欲が向上し、作業性が向上する。

【設備】

建設機械による事故をなくすため、機械や設備の点検を充実させる。機械や設備の故障が少なくなると、作業の中断が少なくなるほか、手直しや手戻りといった非定常作業が減少するだろう。その結果、作業性が向上する。

【材料】

材料に起因する事故を防ぐには材料検査を充実させる。検査によって材料の不良がなくなり、手直しや手戻りといった非定常作業が減少する。その結果、作業性が向上する。

【方法】

危険を伴う作業手順を見直すことで、より安全な作業手順にすることができる。自動化や機械化、プレキャスト化などを進めることで、工期を短縮することができ、生産性が向上する。

第2章
工期を短縮する工程管理手法

1 引き渡し日をゴールにPDCAサイクルを回す
2 工程管理5つのポイント

1 引き渡し日をゴールにPDCAサイクルを回す

最初に、工程管理の基本は引き渡し日から逆算して管理することだと覚えておこう。プロジェクトの最初に全体工程計画を立て、引き渡し日までの残日数を常に計算しながら仕事に当たる。

いつ聞かれても「この工種はあと○日かかる」と説明できなければならない。

引き渡し日を意識しながら、下図のようにPDCA（計画、実施、点検、改善）サイクルを回していこう。

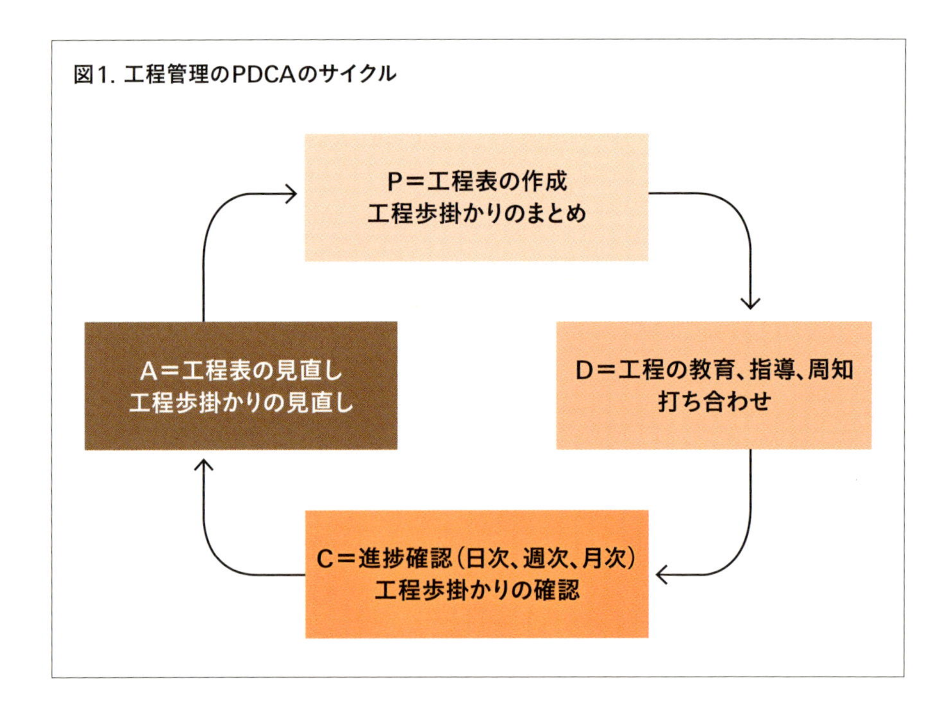

図1. 工程管理のPDCAのサイクル

P＝計画

これまでの施工実績を基に工程歩掛かり（1人1日当たりの作業量、機械1台1日当たりの作業量）をまとめる。

工程歩掛かりを基に工程表を作成する。

D＝実施

工程と工程歩掛かりを作業員に教育・指導していく。理解を深めるためにしっかり周知することが大切だ。

C＝点検

工程表通り進捗しているかどうかを確認する。

また、想定した歩掛かり通りに進捗しているかどうかもチェック。

A＝改善

予定した工程と実績との差異がある場合、その後の工程を見直し、引き渡し日に間に合わせるように改善する。

計画した工程歩掛かり通りに施工できない場合は、工程歩掛かりを見直す。工程表の作成手順は次の通り。

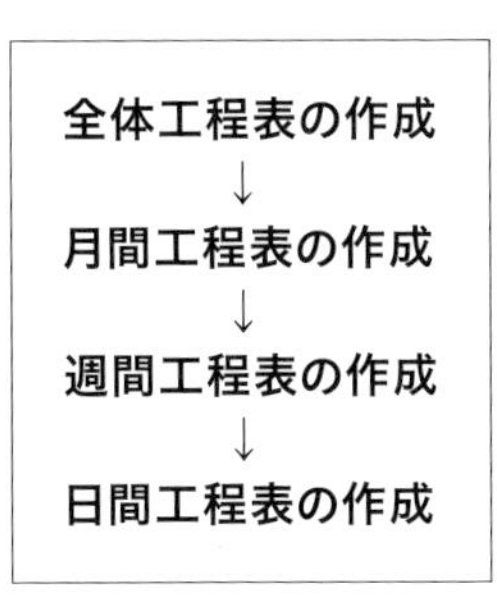

万が一、工程に遅れが生じた場合は、以下の順で遅れを挽回し、全体工程に影響を及ぼさないようにすることが重要だ。

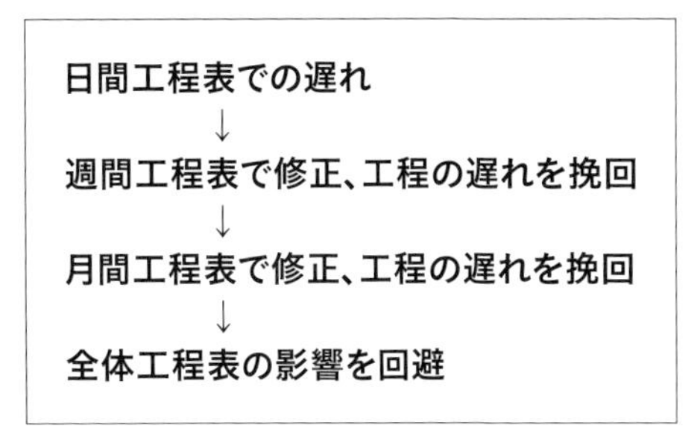

このように工程の遅れをその都度挽回することが工期短縮につながる。

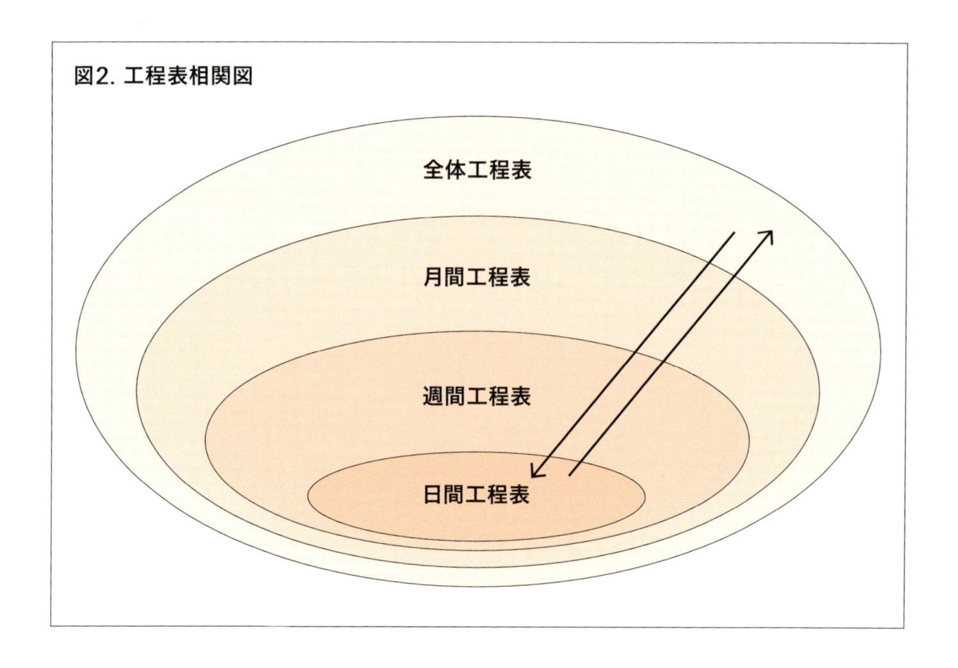

2 工程管理5つのポイント

前述したように、引き渡し日というゴールを目指して工程管理をするのが基本だが、どうしても引き渡し日に間に合わない場合もあるだろう。その場合は工期を短縮しなければならない。

ここでは、どのようにすれば工期短縮できるかを5つのポイントで解説しよう。

工程管理を山登りに例えて考えてみる。これまでより早く山頂に登るための方策が工期短縮手法だ。

【ポイント1】旗を立てよ

まずスタート地点に立ち、山頂というゴールを見つめる。目指すべき山頂が見えているうちは安心だが、雲がかかって山頂が見えなくなると不安になる。

5つのポイントの1つ目は、山頂に目標という「旗を立てよ」だ。

どんなに旗が遠くても、旗さえ見えていればモチベーション高く取り組むことができる。反対に、どんなに旗が近くても、旗が見えないとモチベーションが下がってしまう。

工期短縮手法では、根拠が論理的で合理的な工程表を作成することが「旗を立てる」ことに当たる。

専門工事会社がよく指摘するように、必要な日程を記載しただけの工程表で満足してしまう人もいるが、それは「旗を立てた」とは言えないので注意が必要だ。

【ポイント2】行き方を変えよ

次に、旗に向かって歩むべき道順を決めなければならない。

そこには既に先人が歩いてきた登山道があるかもしれない。しかし、その道を歩いているだけでは、これまでより早く山頂にたどり着くことはできない。

2つ目のポイントは、「行き方を変えよ」だ。自ら木や雑草をかき分け、新たな道を探りながら、山頂の旗を目指す。

つまり、工期を短縮するために、従来とは全く異なる施工方法を導入するということだ。VE（バリュー・エンジニアリング）手法などを活用して、建造物の機能を維持しながら、工期を短縮して価値を高めていくのも、その1つの手法だ。

【ポイント3】ムダを省け

行き方が決まったら、まっしぐらに山頂を目指さなければいけない。しかし、きれいな花を見かけて立ち止まったり、一緒に登る仲間との連携が悪くてスムーズに登れなくなったりすることもあるだろう。

そこで、3つ目のポイントは「ムダを省け」。旗に向かって、自ら決めた道をまっすぐ進む。

現場のムダとは、予定通りの工事の進捗を妨げる「手すき」や「手待ち」、「手戻り」、「手直し」を指す。

ムダに加えて、ムラやムリを排除することも重要だ。

【ポイント4】マイルストーンで改善せよ

最初に決めた道を歩いていると、ペースが遅れているのか、早すぎるのか、不安になることがある。もし遅れているなら、改善策を立てなければ予定通りゴールにたどり着くことはできない。

そこで、4つ目のポイントは「マイルストーンで改善せよ」。マイルストーンとは、日本語で一里塚。山登りに例えると、一合目や二合目といった表示を指す。中間地点で当初の計画とのずれをチェックし、その後の歩み方を見直すことが重要だ。

日次、週次、月次で工期の進捗を確認し、遅れていれば日間、週間、月間で挽回。全体工程に影響がないように改善する。そのときに遅れの原因を正確に把握し、再発しないように改善することも忘れずに。

【ポイント5】来た道を振り返れ

ついにゴールにたどり着いた。しかし、これで終了ではない。スタート地点から

図1. 工程管理5つのポイント

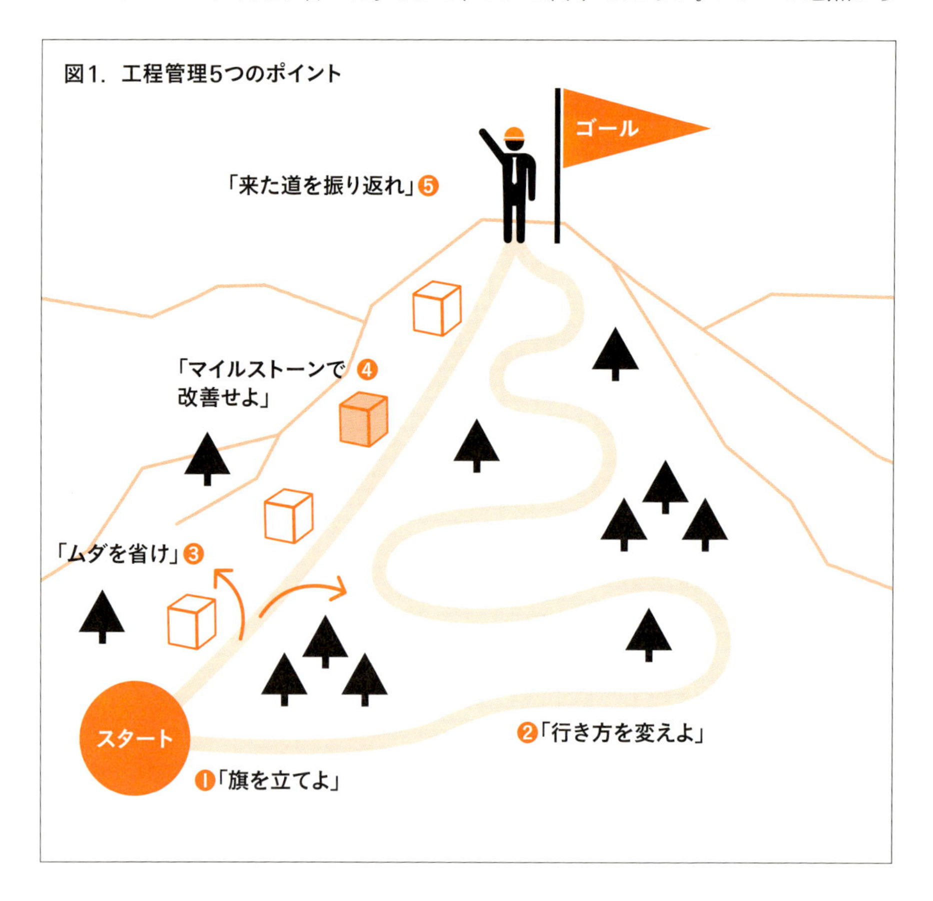

歩いてきた道のりを振り返り、その成果をまとめて反省する。さらに、次に登る人のために、そのデータを整えておかなければならない。

そこで、5つ目のポイントは「来た道を振り返れ」。今後のために結果をまとめることは、組織力を高めるために重要だ。

工事が終了した後、その工事を振り返り、施工方法に問題がなかったか、工事中にムダがなかったかを反省する。さらに、工程表を作成する際に使用した工程歩掛かりは想定通りだったか、想定通りでなかったとしたら原因は何かなどを追求する。必要があれば、工程歩掛かりを修正して、次の工事に役立てることも大切だ。

これら5つのポイントをきちんと手順を追って実践すれば、工程に厳しい組織風土をつくることができる。

次章からこれら5つのポイントを順に詳しく解説する。

第3章
工程管理のポイント①
旗を立てよ

1 バーチャート式工程表とネットワーク工程表
2 ネットワーク工程表の基礎知識
3 工程表作成手順
4 工期短縮5つの手法
5 工期と原価の関係
6 事例で学ぶ
7 標準歩掛かり一覧

まず取り組むべきは、工程管理5つのポイントの1つ目、「旗を立てよ」だ。工程管理では、目標を設定することが「旗を立てる」に当たる。根拠が論理的で合理的な工程表を作成し、ゴールの旗を確認できる状態にする。

1　バーチャート式工程表とネットワーク工程表

建設工事現場で用いられる工程表には、大別すると、バーチャート式工程表とネットワーク工程表がある。

(1) バーチャート式工程表

バーチャート式工程表は、工事の進行の始点と終点を1本の線で表したものだ。建設工事現場で最もよく使われている。

表1. バーチャート式工程表の例

工種	単位	数量	進捗率	
A	●	●		3日
B	●	●		4日
C	●	●		2日
D	●	●		5日
E	●	●		4日
F	●	●		3日

ここで上のバーチャート式工程表を見て、次の問題を考えてみよう。

① B作業が1日短縮されると、全体工程はどうなるだろうか？

② C作業が5日延びたら、全体工程はどうなるだろうか？

③ B作業とE作業を並行して進めたら、全体工程はどうなるだろうか？

④ 全体工程を2日短縮するには、工程のどこを縮めればよいだろうか?

表を見ると、①と②には答えられるが、③と④の情報は読み取れないことが分かるだろう。

バーチャート式工程表は簡単に作成でき、工程を俯瞰できる点では優れている。しかし、作業の相互関係が表されていないという短所もある。

左の表のように、工程の変更が頻繁にあるような場合には対応することができない。

(2) バーチャート式工程表+曲線式工程表

次に、バーチャート式工程表に「出来高曲線」を重ね合わせてみよう。出来高曲線とは、工程の各段階で総工費に対する累計出来高金額の比率(進捗率)を記載したものだ。出来高曲線をバーチャート式工程表に重ね合わせることで、進捗率がすぐに分かるようになる。

表2. バーチャート式工程表+曲線式工程表の例

工種	単位	数量	工事費比率%		累計完工率%
A	●	●	12	3日	100
B	●	●	8	4日	
C	●	●	15	2日	
D	●	●	35	5日	
E	●	●	10	4日	
F	●	●	20	3日	0

(3) ネットワーク工程表

建設工事の工程を計画したり、変更に対応したりするには、作業の順序を決定して作業日数を算出しなければならない。

その場合、作業の順序と日程との関係を明確に示すことができる工程表が必要だ。これを「ネットワーク工程」という。

次表のように、バーチャート式工程表とネットワーク工程表には、それぞれメリットとデメリットがある。

表3. 各種工程表のメリットとデメリット

	メリット	デメリット
バーチャート式工程表	・比較的容易に作成できる	・工程の内容が閉鎖的 (作成者しか分からない) ・工事の過程が不明 ・工程を順守したかどうかの結果だけが評価される
ネットワーク工程表	・工程の内容が開放的 (誰でも内容がよく分かる) ・工事の過程が明確 ・工程を守るための行動を評価することができる	・工程を作成するための知識が必要 ・作成や修正に手間がかかる

ネットワーク工程によく使われる手法が、「PERT」と「CPM」と「RAMPS」の3つだ。

① PERT(Program Evaluation and Review Technique)

作業順序を矢印に変換したものがPERT。この手法で工事全体を監視し、異常時には適切な対策を講じることができる。

② CPM(Critical Path Method)

CPMは、クリティカルパス(全く余裕のない作業工程のフロー)上の作業に費用をかけて、工期の最適な短縮を図る手法。

③RAMPS(Resource Allocation and Multi Project Scheduling)

PERTとCPMが1つのプロジェクトを対象にしているのに対し、RAMPSは同時に進行する複数のプロジェクトを取り扱う手法。複数のプロジェクトの人や物、金の管理に効果的だ。

2 ネットワーク工程表の基礎知識

(1) ネットワーク工程表とは

図1のように、作業内容と順番をアロー（矢印）で表記して、各作業の相互関係をノード（結節点）で結合していく工程表。作業間の相互関係を明確に示すことで、きめ細かい作業工程を表現できる。

このようなネットワーク工程のことを「アロー型ネットワーク工程」という。

アロー型ネットワーク工程を、ダイヤグラムに変換し、工程の詳細を検討したのが「PERT」である。

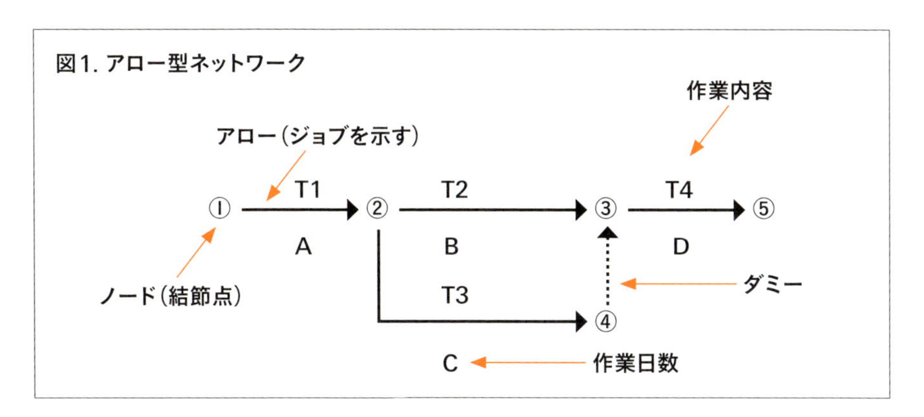

(2) 作図記号の原則

① アロー（矢印）は作業を示し、「アクティビティ」という。

② アクティビティは、作業活動（資材の入手時間も含む）の全てを含む。

③ アローは左から右に描き、上段に「作業内容」を、下段に「所要日数」を示す。

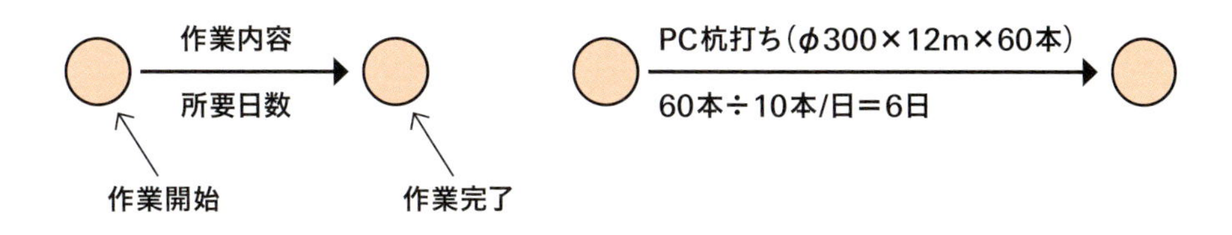

④ノードに番号を付けたものを「イベント」という(数字はイベント番号と呼ばれる)。
⑤アクティビティの進行方向がよく分かるように、イベントにはアクティビティの進行順に①から番号を付ける。

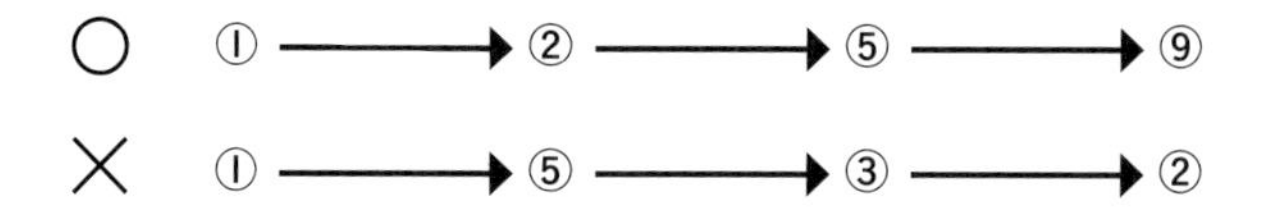

⑥ダミーとは作業の関連性を示すもので、作業そのものではない。そのため、所要時間はゼロとなる。

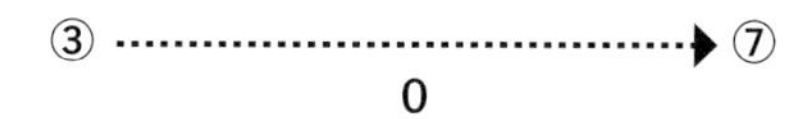

例えば上図は、③まで作業が進まないと⑦から先に作業を進められないことを表している。

(3)基本的な表示方法

①各作業間の相互関係を明確に示す。前工程に従属しているのか、独立しているのかが分かるようにする。

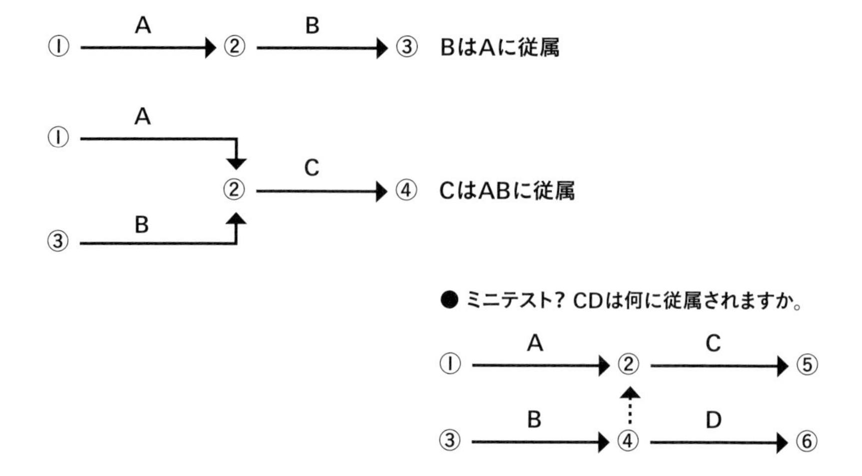

【答】

CはAとBに従属する（④から②にダミーが描かれているので、④まで作業が進まないと、②から先に進めることができない）。

DはBに従属する。

②アクティビティは同一イベント間に2つ以上存在しないようにする。

もし2つ以上ある場合は、新しいイベントを設けてアクティビティを分離する。そのときに必要なのがダミーだ。

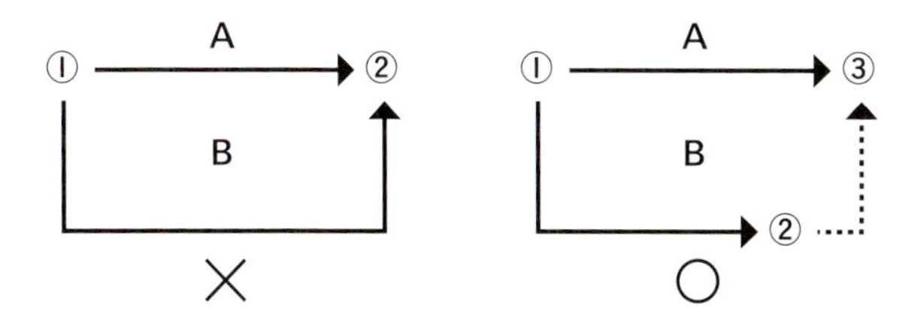

③アロー（ジョブ）をたどると元に戻ってしまうようなサイクルでは、作業が進行しない。そのため、このような工程は描いてはいけない。

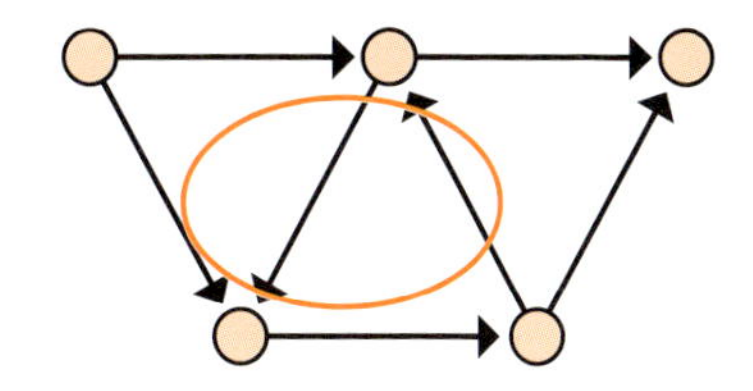

④ 分割作業を表示する。

A作業が全て終わらなくてもB作業を開始できる場合、下のようにA作業を分割して表示する。

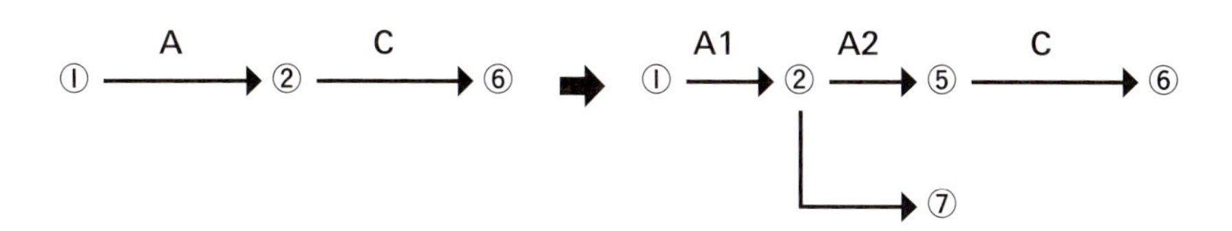

⑤複雑なネットワークになってしまったり、繰り返し作業があったりする場合は、「マスターネットワーク」のほかに、「サブネットワーク」を設けて全体の流れを分かりやすくする。

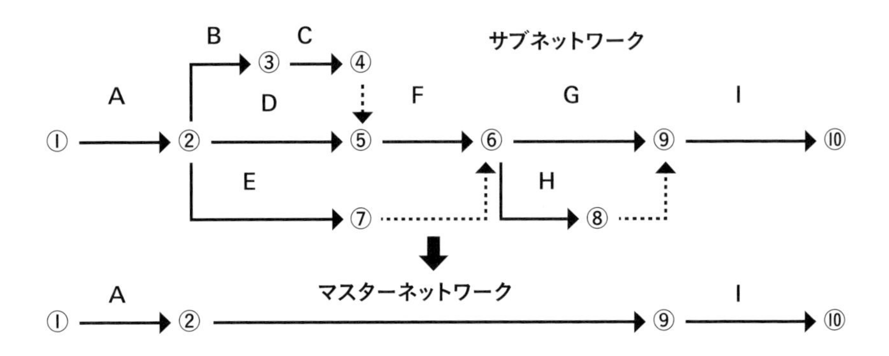

(4)最早結合点時刻と最遅結合点時刻

次に、最早結合点時刻を設定する。最早結合点時刻とは、次の作業に進むために最低限必要な日数のこと。スタート(開始)イベントからネットワークの方向に順次加算して求める。複数の作業を並行して行う場合は、最も大きい数値を最早結合点時刻とする。どの作業も欠かすことができない場合、最も日数のかかる作業を終えない限り、次の作業に進めないからだ。図2の上方の数値で示す。

最早結合点時刻

① スタート(始点)0

② A作業に2日かかるので2日

③ D作業に2日かかるので2日

⑤ A作業に2日、Cに作業1日かかるので3日

④ A作業に2日、B作業に3日かかるので5日
　D作業に2日かかるので2日
　A作業に2日、C作業に1日かかるので3日
　のうち、最大値で5日

⑥ A作業に2日、B作業に3日、E作業に2日かかるので7日

同時に、最遅結合点時刻も設定する。最遅結合点時刻は、全体の作業日程に遅れを生じさせないぎりぎりの日数のこと。最終イベントからネットワークの逆方向に順次減算して求める。複数の作業を並行して行う場合は、最も小さい数値を最遅結合点時刻とする。図2の下方の数値で示す。

最遅結合点時刻

⑥　エンド（終点）7日

④　⑥の最早結合点時刻7日からE作業2日を減算して5日

⑤　④と同様に5日

③　④と同様に5日

②　④の最早結合点時刻5日からB作業3日を減算して2日
　　⑤の最早結合点時刻5日からC作業1日を減算して4日
　　のうち、最小値で2日

①　②の最早結合点時刻2日からA作業2日を減算して0日
　　③の最早結合点時刻5日からD作業2日を減算して3日
　　のうち、最小値で0日

図2. 最早結合点時刻、最遅結合点時刻とクリティカルパス

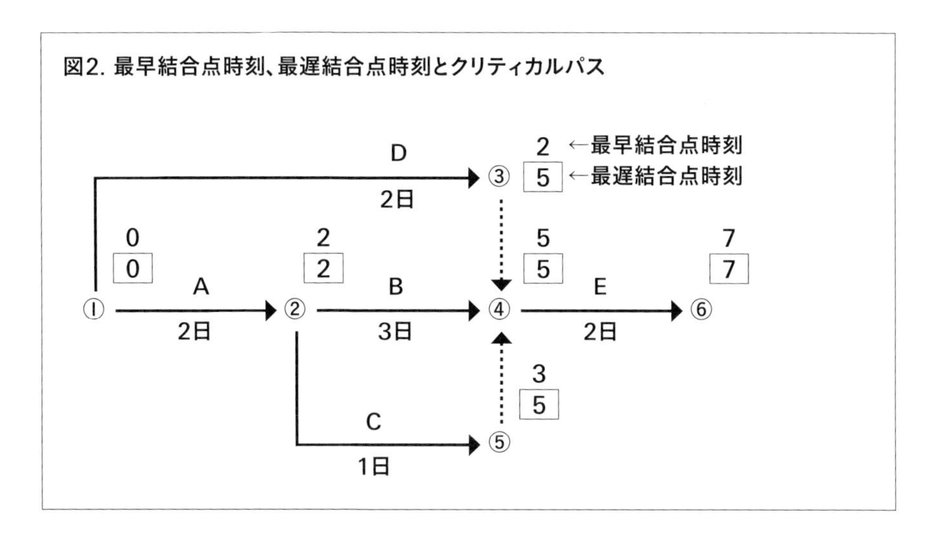

ネットワーク工程を、図3のようにタイムスケールに合わせて描き込むと、所要日数や余裕日数、クリティカルパスが一目瞭然で分かるようになる。

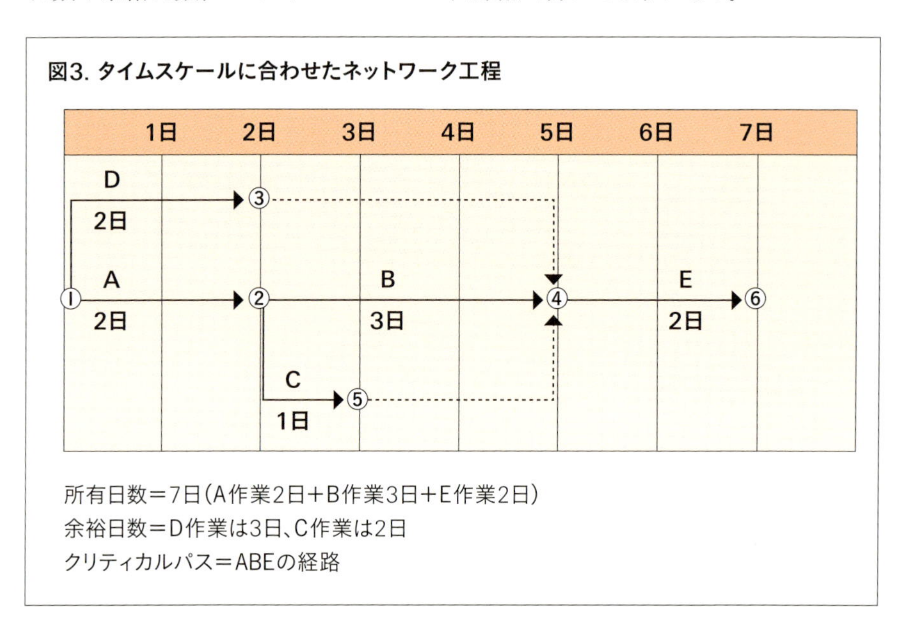

図3. タイムスケールに合わせたネットワーク工程

(5) ネットワーク工程表で着目する工程管理上のパラメーター

ネットワーク工程表を活用して、工程管理をする際のパラメーターを図4に示す。これらの数値を押さえることで、工期遅延の場合にどのようにして対応すべきかを把握することができる。

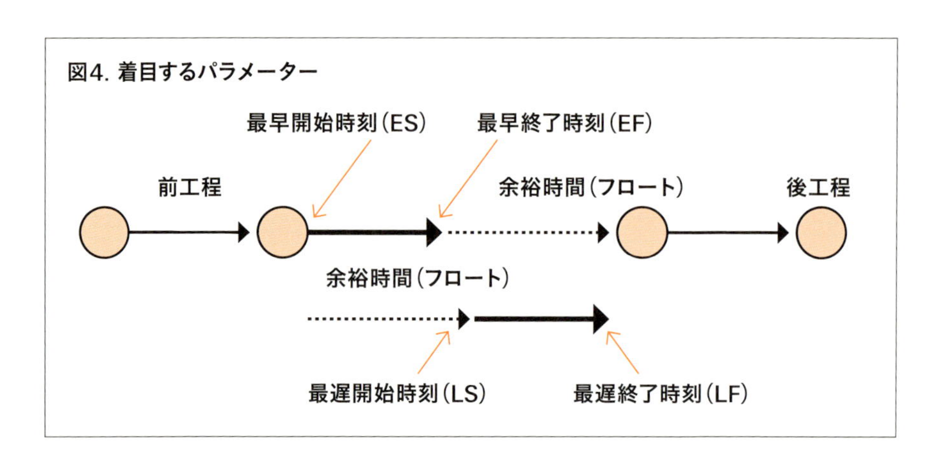

図4. 着目するパラメーター

表1. 工程管理上のパラメーター

パラメーター	記号	内容（図3の例）
総所要時間	λ	最終作業を最も早く終了できる総時間（E作業7日）
最早開始時刻	ES	作業を最も早く開始できる日数 （D作業は0日、B作業は2日、C作業は2日、E作業は5日）
最遅開始時刻	LS	作業を始めなければならないぎりぎりの日数 （D作業は3日、B作業は2日、C作業は4日、E作業は5日）
最早終了時刻	EF	作業を最も早く終了できる日数 （D作業は2日、B作業は5日、C作業は3日、E作業は7日）
最遅終了時刻	LF	作業を終えなければならないぎりぎりの日数 （D作業は5日、B作業は5日、C作業は5日、E作業は7日）
トータルフロート	TF	λに影響を及ぼさない範囲で各作業に許される余裕日数 （ABE作業は0日、D作業は3日、C作業は2日） ★TF＝最遅終了時刻－（最早開始時刻＋所要時間）
フリーフロート	FF	他の作業に影響なく、その作業にだけ許される余裕日数 （ABCDE作業は全て0日） ★FF＝最早終了時刻－（最早開始時刻＋所要時間）
クリティカルパス	CP	トータルフロートがゼロの経路で、全く余裕のない経路 （ABEの経路、工期短縮はこの経路を短縮する）
フロート		余裕日数

（6）クリティカルパス

ネットワークを作成すると、トータルフロート（全体の終了期間に遅れが生じない範囲で各作業に許される余裕日数）がゼロ、すなわち作業日程に全く余裕のない経路がある。これがクリティカルパスだ。図3のようにタイムスケール上に描くと、一目でこの経路が分かる。

この経路を明確にできることが、ネットワーク工程表のメリットだ。

クリティカルパスは次の特徴をもつ。

①全体工程を支配している（クリティカルパスを短縮すると全体工程が短縮され、クリティカルパスが遅れると全体工程が遅れる）

②複数のクリティカルパスが存在することがある

③クリティカルパス以外のアクティビティ（作業）でも、フロート（余裕日数）を使い切るとクリティカルパスになる

■ネットワーク工程表の演習

次の工程の条件を満たすネットワーク工程表を作成してみよう。

ネットワーク工程表の演習問題

①作業にはA、B、C、D、E、Fの名称の作業がある

②作業日数はA3日、B4日、C2日、D5日、E4日、F3日

③Aが全工程の最初の作業で、Aの完了後にBとCの作業を行う

④Cの作業の完了後にDの作業を始める

⑤Bの作業の完了後にEの作業を始める

⑥Fの作業はDとEの作業の完了後に始め、全工程の最後の作業となる

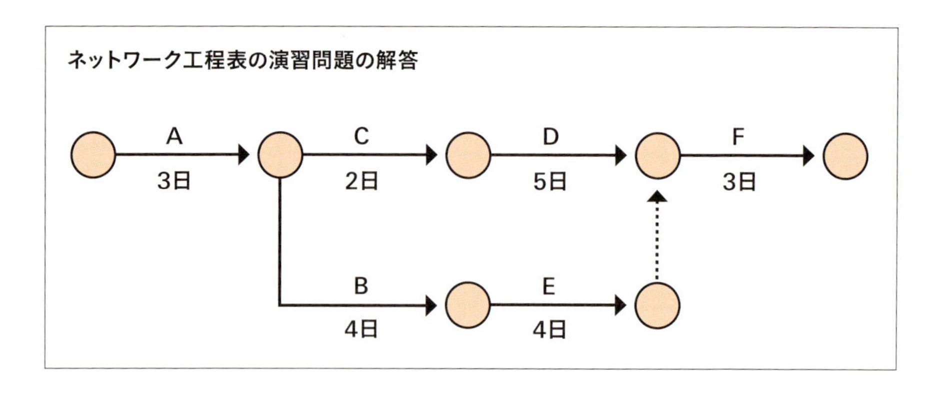

作成したネットワーク工程表で、p28のバーチャート工程表と同様に4つの質問に答えてみよう。

①B作業が1日短縮されると、全体工程はどうなるだろうか？

【答】 全体工程が1日短縮される

A作業の完了後に、C・D作業とB・E作業があり、それらが完了してF作業が始まる。

C・D作業は7日、B・E作業は8日の工程なので、C・D作業には1日の余裕がある。D作業とE作業の完了後のノードの最早結合点時刻は8日。

B作業が1日短縮されればB・E作業の工程が7日になり、上記ノードの最早結合点時刻も7日になるので、全体の工程が1日短縮される

②C作業が5日延びたら、全体工程はどうなるだろうか？

【答】 全体工程が4日延びる

C・D作業が12日の工程になるので、前記ノードの最早結合点時刻は12日。質問①で説明したように、もともとの最早結合点時刻は8日なので、全体工程は両者の差の4日延びることになる。

分かりやすく言えば、C・D作業には1日の余裕日数があるので、5日延びても全体工程は4日の延びで済む。

③B作業とE作業を並行して行うとしたら、全体工程はどうなるだろうか？

【答】 全体工程は1日短縮される

B作業をC作業完了後のノードからE作業と並行するように描くと、B・E作業の工程の8日がB作業とE作業の各4日間に短縮できるが、その際にC・D作業の7日がクリティカルパスとなる。

別の言い方をすると、B・E作業が4日に短縮されても、D作業完了後のノードの最早結合点時刻はC・D作業の7日になるので、全体工程は8日から7日へと1日の短縮にとどまる。

④全体工程をあと2日縮めるには、工程のどこを縮めればよいだろうか？

【答】 A作業とF作業を合わせて2日縮めるか、B作業かE作業のいずれかを1日縮めたうえで、さらにA作業かF作業のいずれかを1日、もしくはC・D作業とB・E作業の両方を1日ずつ縮める

A・B・E・F作業の経路がクリティカルパスで、全体工期（11日）を決めている工程。

（ⅰ）A作業とF作業を合わせて2日縮めれば全体工期は2日短縮できる。

（ⅱ）B作業かE作業のいずれかを1日縮めれば、B・E作業は7日の工程になるので、A・B・E・F作業の経路は、A・C・D・F作業の経路と同じく11日の工程になる。

従って、A・B・C・D・E・F全てがクリティカルパスになるので、さらにA作業かF作業のいずれか1日、もしくはC・D作業とB・E作業の両方を1日ずつ縮めればよい。

3 工程表作成手順

それでは、実際に工程表を作ってみよう。工程表の作成手順は次の通り。

(1) ゴールの設定＝引き渡し日か、余裕をみたゴールを設定する
(2) 要求事項を確認する＝条件漏れがないように確認する
(3) 作業の項目や手順の洗い出し＝工事の進行に必要な作業を抽出する
(4) 所要日数の算出＝工程歩掛かりを基に、各工種の所要日数を算出する
(5) 工程間のつながりの確認＝各工種の施工順序を確認する
(6) 工期と人工の調整＝必要な工期と配置できる作業員数を調整する
(7) 労務の山崩し＝作業員数をできるだけ平準化する
(8) 実質工程と暦日工程を知る＝実質日数に休日や休工日を考慮する
(9) 工程表にまとめる＝(5)～(8)を工程表に記載する
(10) 全体工程に合わせる＝(5)～(8)を調整してゴールに合うように調整する

以下、この順に沿って解説しよう。

（1）ゴールの設定

工程管理のための第1段階はゴールを設定することだ。その際に、1つ覚えておきたいのが、ゴールは要求する人によって異なるということだ。

顧客が求めるゴールは、ほとんどが引き渡し日。工事現場の周辺住民が求めるゴールは、「夏祭りまでに」や「町内運動会の前までに」など。自社の求めるゴールは、「次の工事の着工までに」が多いだろう。

これら様々なゴールを調整して、工程管理をする際のゴールを決定する。

（2）要求事項を確認する

工事に関する要求事項や工程計画条件を整理する。要求事項や工程計画条件は、顧客や地域、利害関係者、自社、法律など様々な要因で決まる。もちろん、それらを全て満たさなくてはならない。

条件漏れがあると、工程計画の見直しが必要となる。そのため、次の順序で内容を明確にする。

①利害関係者の明確化

工程に関係のある利害関係者をピックアップする

②利害関係者からの要求事項の明確化

その利害関係者が工程に関してどのような要求をしているのかを明確にする

以下の利害関係者とその要求事項の例を示す。

1　顧客要求事項

・明示された要求事項

顧客が口頭や文書（契約書、議事録、設計書）で要求したこと

・暗黙の要求事項

口頭や文書で明示していないが、心の中で欲していること

2　地域の要求事項

・作業時間、作業日

・保全設備の設置

・運行経路の制限

・近隣住民との協定（建設工事への反対、補償金など）

・自然条件（気温、降雨、積雪など）

3 利害関係者の要求事項

・電力会社、ガス会社

・協力会社

4 自社の要求事項

・採用する工法

・技術のこだわり

5 法規制要求事項

・建設業法

・労働安全衛生法

・環境関連法

（3）作業の項目や手順の洗い出し

ハード工種（現場作業）のうち、主工種（直接工事）、支援工種（間接工事や仮設工事など）、ソフト工種（申請業務や図面作成、手順書作成など）の概略とその所要日数を抽出する。

まずは、設計書や設計図を基に主工種を抽出する。その後、その主工種を実施するための支援工種（間接工事や仮設工事）を抽出する。

次に、主工種や支援工種を実施するために必要な申請業務や図面作成、手順書作成が必要なものを抽出する。特に申請については、法に規定されているものがあるので、漏れがないように注意する。（表1）

次に、その主工種や支援工種を遂行するために必要な作業手順や作業条件、技能者、資機材を整理する。工程作成や所要日数算定に必要な情報を整理するのが目的だ。（表2）

表1. ハード工種とソフト工種

ハード工種						ソフト工種		
NO	主工種	日	NO	支援工種	日	NO	ソフト工種	日
			1	歩道切り下げ	1	1	切り下げ申請	5
			2	電柱移設	1	2	移設申請	5
			3	境界立ち会い、引照点	2	3	受電申請	5
			4	建物位置出し	1	4	杭施工図	1
			5	建物位置立ち会い	1	5	掘削図	1
1	山留め親杭打ち	10	6	杭芯出し	1	6	基礎地中梁施工図	1
2	杭工事	20	7	障害物撤去	2	7	基礎施工図	1
3	掘削敷き砂利	3	8	事務所トイレ設置	1	8	階躯体施工図	1
4	杭頭処理	4	9	仮設電気給水	1	9	タイル割り図	2
5	ならしコンクリート	2	10	車路整備	1	10		

表2. 各工種に必要な作業手順や作業条件

主工種、支援工種	作業手順	作業条件	技能者	資機材
型枠工	木製型枠組み立て	1リフト1.5m	大工	ユニック
鉄筋工	鉄筋加工、組み立て	最大径32mm	鉄筋工	ユニック
コンクリート打設	ポンプ打設	1回当たり打設量150〜250m³	土工	ポンプ車 バイブレーター

(4) 所要日数の算出

①工事に関する工程

次に、各工種の所要時間を算出する。所要時間とは、各工種の開始から完了までの時間。単位は一般に「日」だが、工程の用途によっては「月」や「週」、「時間」で示すこともある。

a) 時間見積もりの基礎

過去の体験や実績を参考に、次の要因を考慮して見積もる。

・作業手順
・作業条件
・必要な資源（労務、資機材）
・工程歩掛かり
・気象条件、稼働率

b）所要時間算出の基本事項

・最も確率の高い日数を挙げる（絶対に完了できる日数ではない）
・実労働時間で積算する
・全体工期や休日を意識しない
・天候の影響を考慮する
・現場作業以外の工程を明記する（資材の手配、工場加工、他の工事との関連、用地関係、監督官庁への許認可など）

c）所要日数の算出

所要日数には、絶対工程、変動工程、浮遊工程の3種類がある。

・絶対工程＝全くムダのない施工をしたとしても、必要となる日数。できるかできないか、五分五分の日数
（「ポイント2 行き方を変えよ」を活用して短縮する）
・ 変動工程＝避けられない要因による追加工程
（土質条件、地下水の有無、天候などの要因。全体工期の10％以下が目安）
・ 浮遊工程＝施工管理要因による追加工程
（「ポイント3 ムダを省け」を活用して短縮する）

各工程の所要日数＝絶対工程＋変動工程＋浮遊工程

変動工程（降雨などの気象の影響、条件変更の影響）と浮遊工程（手戻り、手直し、手待ちによる作業ロスなど施工管理要因に基づく）を合計したものを余裕工程という。

絶対工程で工程表を作成し、余裕日数（変動工程＋浮遊工程）を最後に確保するとよい。

d）絶対工程の把握方法

（ｉ）工程歩掛かりによる

p74以降に記載の標準歩掛かりを現場条件に照らして絶対工程を算出する。

(ⅱ) 協力会社との協議による

協力会社と協議をすることで絶対工程を把握する。ただし、協力会社には以下の傾向があるので注意が必要だ。

協力会社は常に降雨や条件変更、ミスなどがあることを想定し、余裕のある工程を考えている。

その余裕を施工管理技術者が把握するには、できるかできないかフィフティー・フィフティー(50:50)の絶対工程を算出してもらうことが必要だ。

施工管理技術者と協力会社の双方が絶対工程を把握することで、その工期で終わらせるには何をすればよいかを必死になって考えるようになる。その結果として、効率的な作業を模索できる。

では、絶対工程を協力会社と協議して把握するには、協力会社の担当者とどのように協議すればよいだろうか。

施工管理技術者

「10日かかるって？　ちょっと長すぎるな。俺は5日くらいでできると思うけど、どう？　やってみない？」

現場担当者

「ちょっと待ってください。10日でも十分厳しいし、5日なんてとんでもない。掘削中に水が出るかもしれないし、雨も考えられます。おまけに、工事の最中に必ずといってよいほど、工事部長から突然、別の現場に人を応援に出せという指示が来ますよ」

施工管理技術者

「そうだな。5日は厳しいかもな。でも、もしも水も出ず、雨も降らず、工事部長からの突然の指示もなく、その作業だけに集中できたらどうだ？」

現場担当者

「そんなことは現実的じゃないけど、それなら2日くらいは詰めて、8日でできるかもしれません」

施工管理技術者

「8日ね。では、例えばの話。工程に対して、その50%の保険で守られるとしたら、どうだろう？」

現場担当者

「保険って何ですか?」

施工管理技術者

「その分は遅れてもおとがめなしということだ。8日工程なら、保険はその半分の4日つける。その場合、12日で終わらせればいい」

現場担当者

「10日の工程を8日に縮めるようにチャレンジするが、4日の保険期間をもらえるので、最悪12日かかってもいいということですか? それなら問題なくできます」

施工管理技術者

「10日工期に対して12日なら誰でもできるね? もっと詰められないか?」

現場担当者

「じゃあ……、7日ではどうですか?」

施工管理技術者

「7日ってことは、保険は半分の3.5日だ。全体の工期は10.5日になる。その場合、チャレンジ7日、保険3.5日の工程となる。まだ10.5日で元の工期より多いな。じゃあ、例えば5日間、この仕事だけに集中してくれないか。ほかには手を一切付けないで、段取りも俺が手伝う。何か問題が起こったら、保険の2.5日までは俺が面倒をみるよ」

現場担当者

「本当に面倒をみてくれるんですね。じゃあ、5日でチャレンジしてみます。この場合、7.5日まで遅れてもおとがめなしですね?」

施工管理技術者

「その通り。5日のチャレンジの工期と2.5日の保険で、この工事はやってみよう。」

このようなやり取りをすることで、絶対工程(5日)を把握できる。

図1の工程では、工種Aが40日、工種Bが30日、工種Cが30日とあるが、これが絶対工程なのか、余裕工程を含めたものなのかが分からない。

そこで上記のようなやり取りを協力会社の担当者とすることで、それぞれ10日ずつの余裕工程が含まれていたことが分かる。

施工管理技術者は、各工程の余裕工程の合計30日を全工程の後ろに集め、自ら管理するとよい。万が一、突然の降雨や出水があって工程が遅れる場合、自ら管理している30日の余裕工程を取り崩して補填していく。それが底をつきそうになったときに初めて、作業時間を延ばすこと（残業や休日出勤など）で補えばよい。

図1. 当初工程

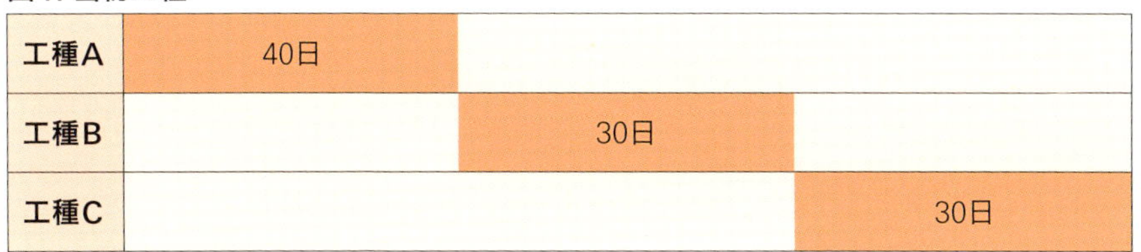

図2. 現場の余裕工程を算出

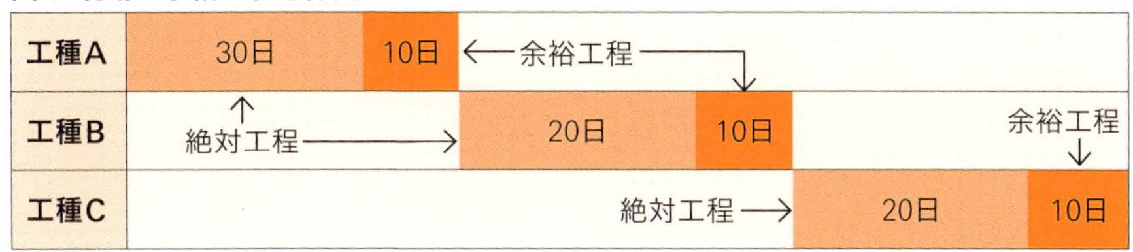

図3. 現場の余裕工程を最後に集める

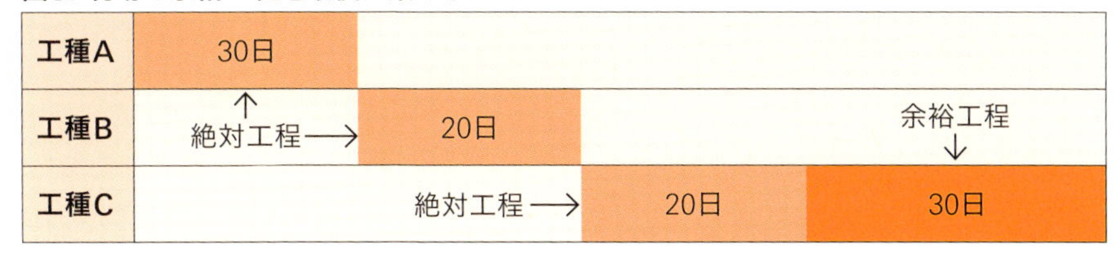

②工事以外の工程（ソフト工程）

工程表を作成する際には、工事工程だけでなく、施工管理技術者として実施する全ての活動のスケジュールを記載する。

【準備段階】

品質関連＝設計、施工図作成、数量算出、施工計画書作成、用地確保

原価関連＝見積もり依頼、実行予算書作成、外注・材料発注

工程関連＝工程表作成

安全関連＝安全管理計画書、各種届け出、許認可

環境関連＝近隣挨拶、各種届け出、許認可

【施工段階】

資材調達、工場加工、検査、現場見学会

【竣工段階】

竣工書類作成、竣工検査、顧客立ち会い

(5)工程間のつながりの確認

①工程作成手順

工程間のつながりを把握する。

工程間のつながりとは以下のようなことだ。

(A) 連続工程＝その工程が終わらないと次の工程に進めない

例：型枠工事

・鉄筋工事が終わらないとコンクリートを打設できない

・下地工事が終わらないと内装工事ができない

(B) 資源拘束工程＝次工程に資源（人や設備）が移動する場合

例：特殊な重機械

・転用する材料（型枠や支保工など）

・主要職種作業員（型枠工や鉄筋工など）

・特殊な職種の作業員（防水工やとび工など）

連続工程

工種	1	2	3	4	5
コンクリート工	型枠工	鉄筋工	コンクリート打設工	養生工	型枠解体

資源拘束工程

資源	1	2	3	4	5	6	7
鉄筋工	1F	2F	3F				
型枠材	1F	3F	5F	7F	9F	11F	13F

表にまとめたところで、ネックになる工程はないかをチェックする。例えば、地域の労働事情から鉄筋工の確保がネックとなっている場合、鉄筋工の動きを考慮した工程表を作成する必要がある。

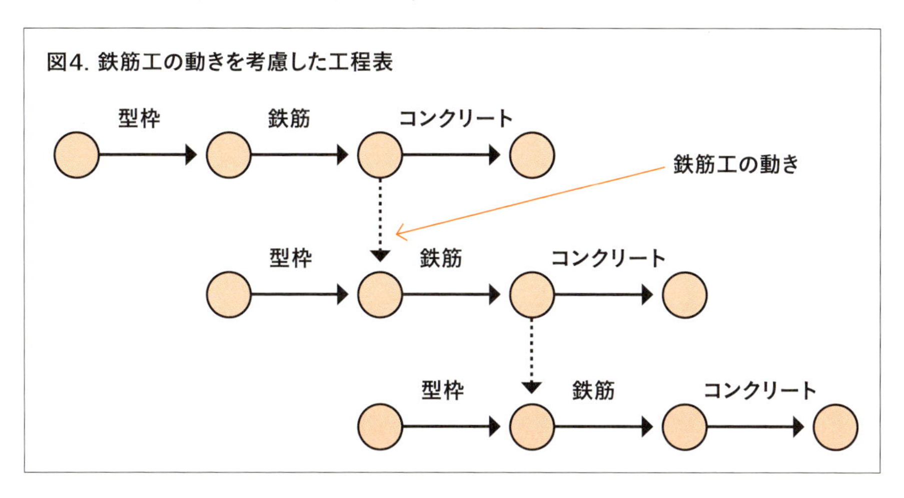

図4. 鉄筋工の動きを考慮した工程表

(6) 工期と人工の調整(最適班人数の算出)

工期(時間)だけでなく、資源(主として人工や機械、資機材)も管理することで、工期と原価の両方を同時に管理することができる。

次のA作業は、2人/日で2日間の作業。目標は2日間で終わらせることと、延べ4人工で終わらせることの2つだ。

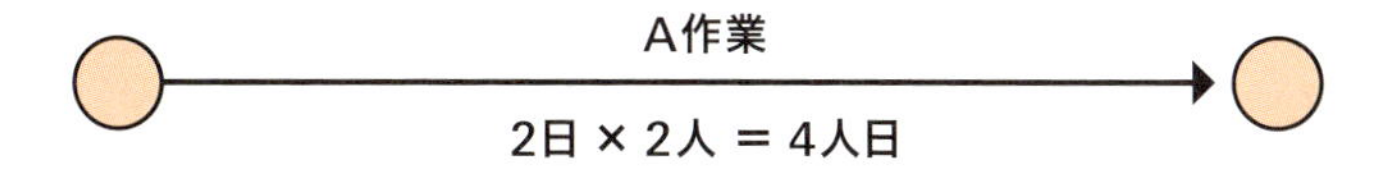

ここで、実際にA作業が3日間かかってしまえば、工程が1日遅れることになる。さらに、延べ人工が5〜6人に増え、原価もオーバーする。

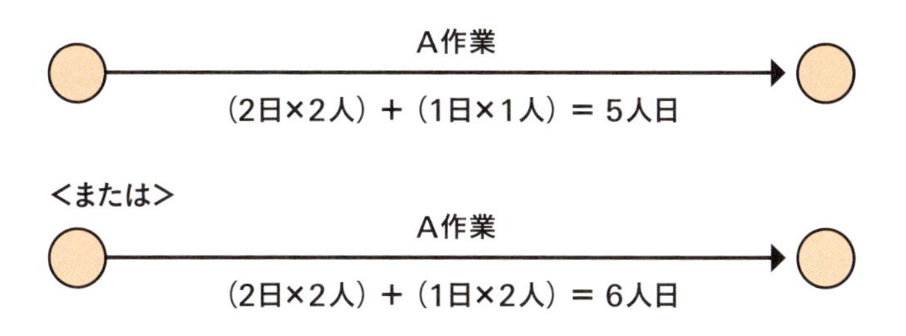

たとえ2日で終わったとしても、予定より人工がかかりすぎれば、原価がオーバーする。

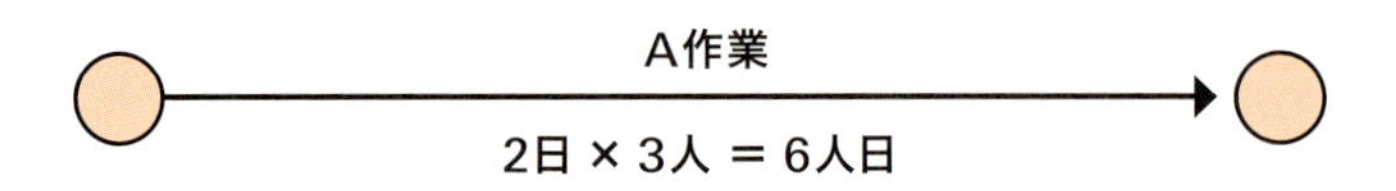

2日が3日になることは、直接的な人工だけでなく、間接的な経費（通信費や交通費など）も増加する。

工程管理が原価管理とリンクしていることが分かるだろう。工程を管理することで、原価も同時に管理しているわけだ。

作業量が一定の場合、人工数と工期には相関関係がある。

作業量を1000㎡、工程歩掛かりを10㎡/人日とする。

必要延べ人工数は、

1000㎡÷10㎡/人日＝100人日

となる。この場合、

5人配置すれば、100人日÷5人＝20日かかる。

工期を短縮するために10人配置すれば、100人日÷10人＝10日となり、10日短縮することができる。

ただし、1つの作業には最適な人員構成があり、生産性が一番高くなる人員構成があることも考慮しなくてはならない。突貫工事になると、工期を縮めるために人を多く投入することがある。しかし、そうすることで1人当たりの生産性が下がり、結果的にコストアップになってしまうこともある。

人数を増やして工期短縮を図る場合は、1班当たりの最適人数を理解し、班数を増やすことを考える方がよい。（図5）

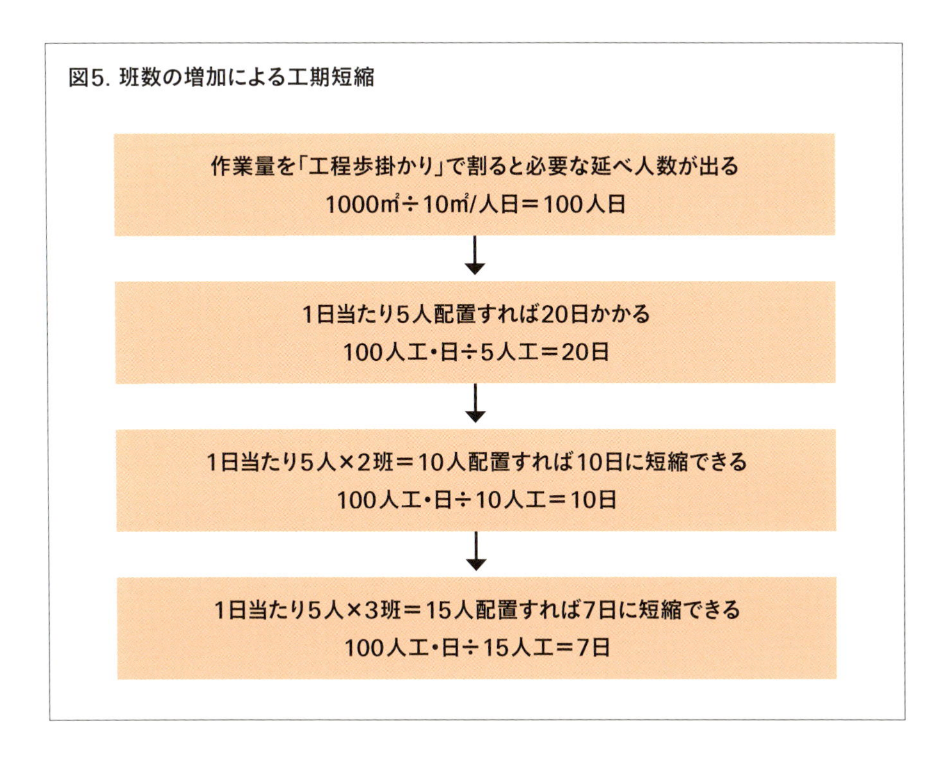

図5. 班数の増加による工期短縮

1つの作業工程で、複数の作業員を連携させることで生産性が高まることもある。例えば、資材を運ぶ作業と組み立てる作業を分担することなどだ。

さらに、資材の運搬のように専門技能を必要としない作業は普通作業員が担い、大工や鉄筋工のように専門技能を必要とする組み立て作業などはベテラン作業員が行うことで、両者の労務単価の差でコストを削減することができる。

マンション工事の場合、資材の搬入と荷揚げ、各住戸への分配を普通作業員が担い、技能工がその分配された資材を使って施工だけを行うと、効率が良くなる。

作業場所に対して作業員の人数が多すぎると、手待ちになる人が出てきて、生産性が下がる。仮に10㎡の作業場所に10人の作業者が入れば、互いが邪魔になって生産性が落ちる。

この場合、最適人数はどのように算出すればよいのだろうか。

作業エリアと1人当たりの生産性の相関関係を示したものが図6だ。

1人当りの面積が小さいと1人当たりの生産性は低くなるが、ある面積より大きくなると生産性はほぼ一定になる。

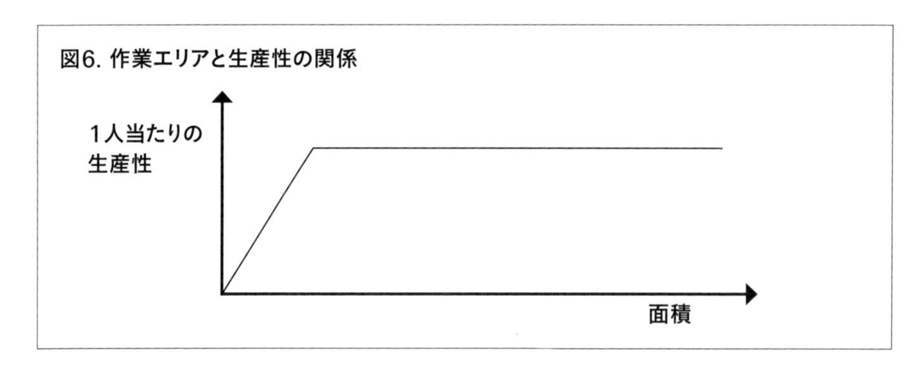

では、班の人数は何人が最適だろうか。

班人数を変えて1人当たりの生産性をグラフにしたものが図7だ。人数が少ないと連携がうまくいかずに生産性が落ちる。一方で、人数が多すぎても手待ちの作業員が出てきて生産性が落ちる。ちょうどよい班人数を作業ごとに設定することが重要だ。

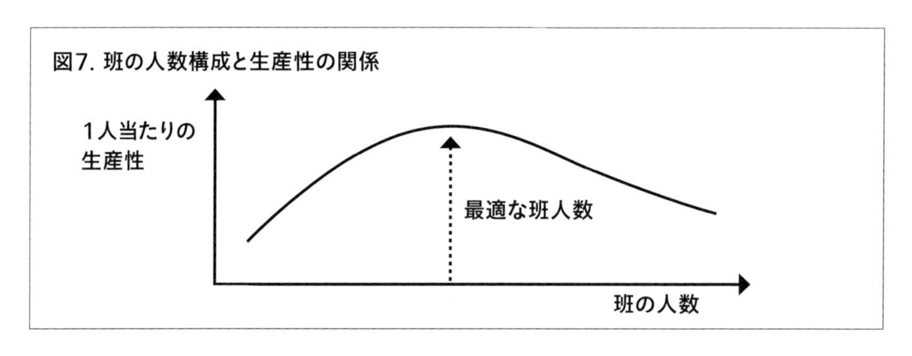

(7)労務の山崩し(作業員の平準化)

実際の工事では人、物、金、機械などの資源が必要だ。そのため、工程表を作成する際には、資源に関する計画の合理性を検討しなければならない。

特に、人的資源は計画通り手配できるか分からないケースがある。協力会社の作業員を初日3人、2日目5人、3日目1人、4日目4人と毎日変えて計画すると、協力会社はその通り手配できないかもしれない。急に3人から5人に増やしたり、1人から4人に増やしたりすると、うまく配員できないこともあるだろう。

作業員を移動させると、その手配などに手間がかかる。配置人数が減ると、余った作業員を遊ばせるわけにはいかないので別の現場に回す。そうすると、その現場が一段落するまで作業員を戻せないこともある。

現場で作業する人数をできるだけ平準化して工程を組むことができれば、ムダがなくなり、結果として原価を下げることができる。作業員の配置人数を決めることを「マンパワー・スケジューリング」という。

工程表に作業量とそれに必要な人数を記入して、人数の変動が少ないように作業員の配置を計画する。

作業員の配員計画では、人数を積み上げることを「山積み」、人数の凸凹をならすことを「山崩し」という。

資源配置計画を作成するには、まず作業を進めるために必要な人や物、機械などを考え、日々の累計を算出する。

大きなピークが生じた場合は、工程余裕を利用して人や機械、資材を平準化する。

例えば、図8のような工程の工事があるとしよう。ネットワーク工程表と山積み図は以下の通りだ。

山積み図によると6人（A）→16人（B＋C＋E）→8人（B＋D、D＋F）→4人（F、G）と配置人数が変化する。このままでは、作業員を手配する担当者が苦労することが目に見えている。

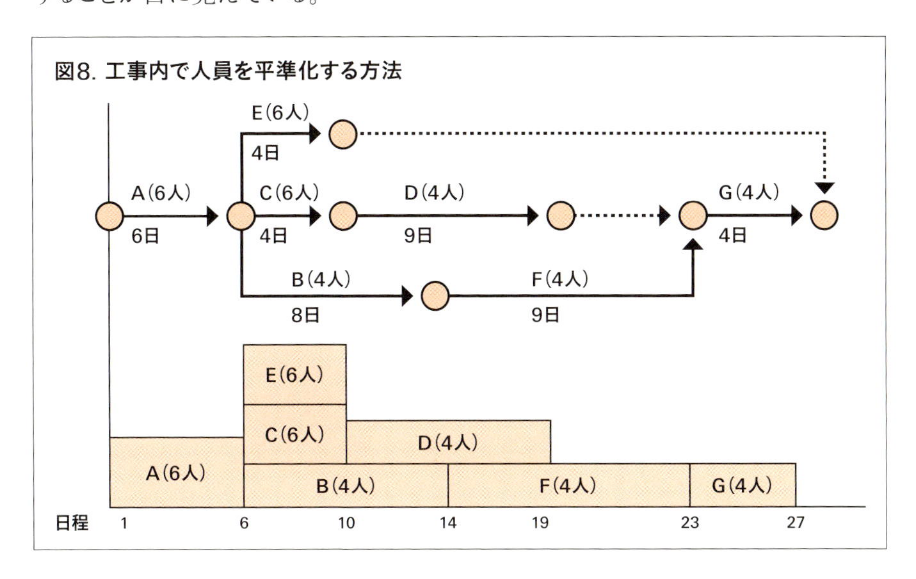

工種Eは17日＝A＋B＋F（23日）－A（6日）の余裕があるので、工程を後にずらし、6人×4日の配置計画を4人×6日に変更。工種Cも6人×4日の配置計画を4人×6日に変更する。こうすると、図9のように、6人（A）→8人（B＋C、B＋D、D＋F、E＋F、E＋G）と平準化することができる。

図9. 工事内で人員を平準化する方法

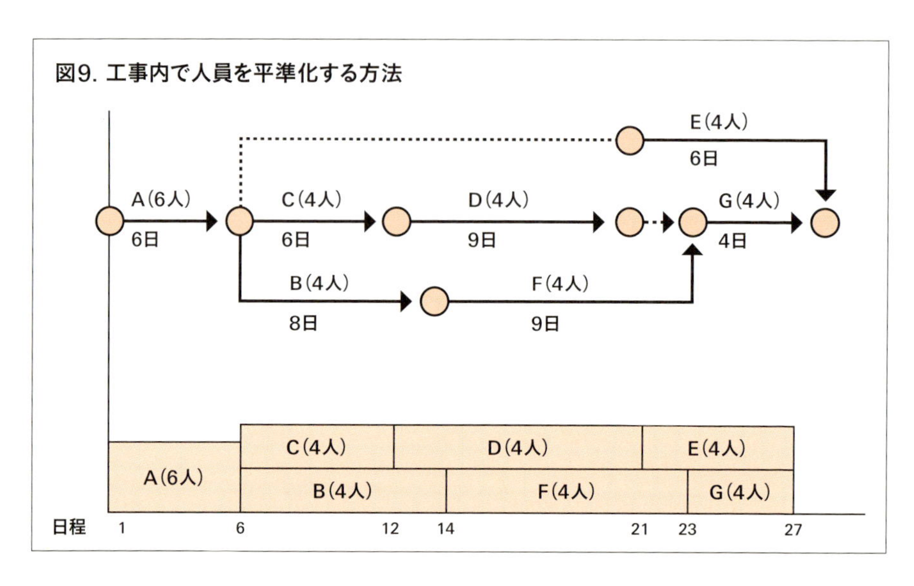

ここまで、現場での作業員の平準化について述べた。

実は、同じ考え方を用いて、社内でも現場相互の作業員の過不足を調整して平準化することで、外注費を減らすことができる。

ある建設会社で1年間240日、常時4現場が稼働しているとしよう。基本的には直用作業員で工事を進めているが、人員が不足した場合は現場の判断で外注している。

ある日、4現場を統括管理している工事部長が人員の過不足を確認したところ、ある現場で人員が不足している半面、他の現場では人員に余裕があることが分かった。

そこで、外注の判断を現場任せでなく、本社の工事部長が行うようにして、直用作業員の過不足調整（余裕のある現場から不足している現場に作業員を移動させること）をするようにした。

この人員調整によって、1現場1日平均1人の外注労務費（1万5000円）を削

減できたとすれば、

240日×1万5000円×4現場＝1440万円

1現場1日平均2人の外注労務費（1万5000円×2人＝3万円）を削減できたとすれば、

240日×3万円×4現場＝2880万円

それぞれ原価を低減することができる。

工事部長が4現場を統括管理するには、必要な作業員の人数と作業日数が明記されている正確な工程表が欠かせない。

(8) 実質工程と暦日工程を知る

実質工程を作成したら、次に休日や天候を考慮しなければならない。

休日や悪天候による休工などの要因を含めた「暦日換算係数」を求め、タイムスケールに表示すると、工程の進捗状況が分かりやすくなる。

下表は暦日換算係数の算定例だ。

表3. 暦日換算係数の算定

検討項目	平常月	8月	12、1月
①暦日日数	30	31	31
②休日（隔週連休）	6	6	6
③特別休暇（盆、年末年始）	0	5	3
④雨天による休工日	5	2	5
⑤雨天休工と休日の重複日	1	0	2
⑥稼働日①-（②+③+④）+⑤	20	18	19
⑦暦日換算係数　①÷⑥	1.50	1.72	1.63

8月に掘削工事を実施する場合を考えてみよう。

【土砂掘削】2200㎥ ÷ 300㎥/日 ＝ 7.3日（実質工程）

これに8月の暦日換算係数1.72を考慮すると次のようになる。

【暦日換算】7.3日 ×1.72 ＝ 13日

(9) 工程表にまとめる

ここまでの考察を基に、ネットワーク工程表にまとめよう。

最終工期に間に合わないような工程表になるかもしれないが、この時点ではそれは考慮せずに作成する。

表4がバーチャート式工程表にまとめたもの、表5がネットワーク工程表にまとめたものだ。密度の違いがよく分かるだろう。

これらの表からも分かるように、取り急ぎ作成する場合はバーチャート式工程表を、必要な資源も含めて詳細に検討する場合はネットワーク工程表を、それぞれ作成するとよい。

表4. バーチャート式工程表

種別	7月			8月			9月	
	10	20	31	10	20	31	10	20
海岸土工	13 ━ 19		━━━	━━━	━━━	━━━	8	
海岸基礎工		17	━━━	━━━	━━━	30		

表5. ネットワーク工程表

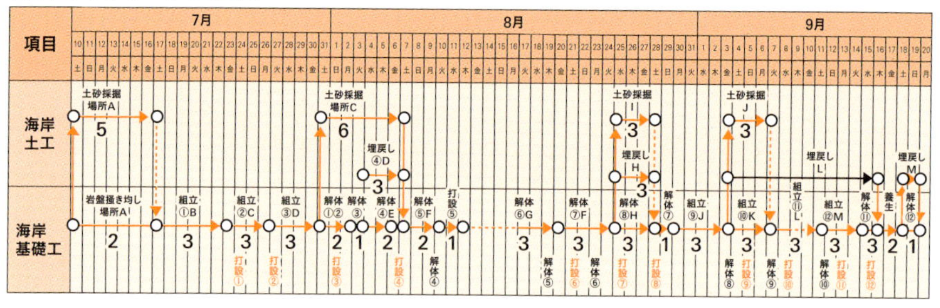

(10) 全体工期に合わせる

工程表を作成して、ゴールに合っているかどうか確認する。もしゴールより長ければ、ゴールに合わせて全体工期を短縮する必要がある。

その際、余裕のない工期であるクリティカルパス(Critical path＝CP)を短縮しないと、全体工期を短縮することができない。

CPはたとえ何十もの工種が複雑に関係し合っていても、着工から完成まで1本の線で表される。CPを把握することで、短縮すべき工程が分かる。

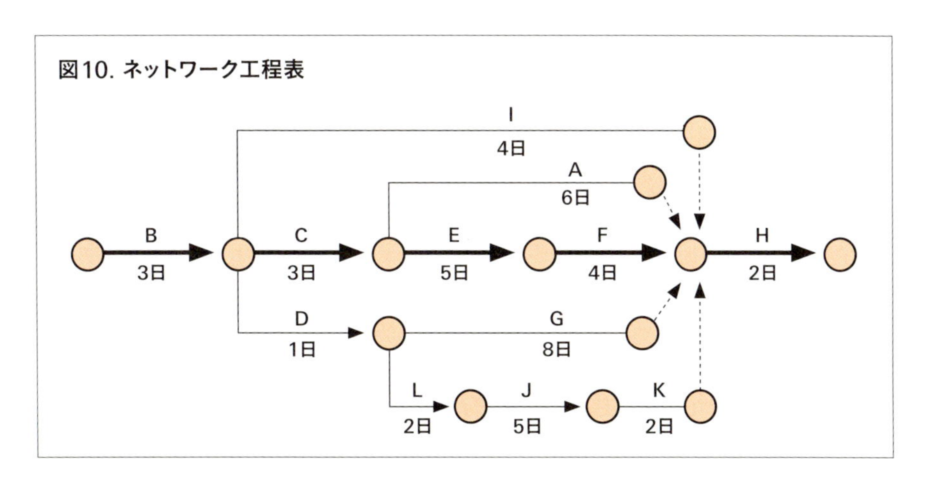

このネットワーク工程表のCPは、B→C→E→F→Hのルートで、その合計日数は17日（B3日＋C3日＋E5日＋F4日＋H2日）になる。

CPを1日短縮することができれば、全体工程も1日短縮できる。ただし、C・E・F工程の合計12日に対して、D・L・J・K工程は合計10日。もしC・E・F工程を2日間短縮して10日にすると、その段階でC・E・F工程とD・L・J・K工程がともに10日になるので、いずれもCPとなる。そうすると、C・E・F工程を1日短縮すれば、同時にD・L・J・K工程も1日短縮しなければ、全体工程を短縮することができない。

CP以外の工程には余裕がある。例えば、A工程は6日だが、CPのE・F工程が9日なので、3日の余裕がある。予定より3日遅く入場してもよいし、配置人数を減らして工程を3日遅らせても、全体工程には影響しない。

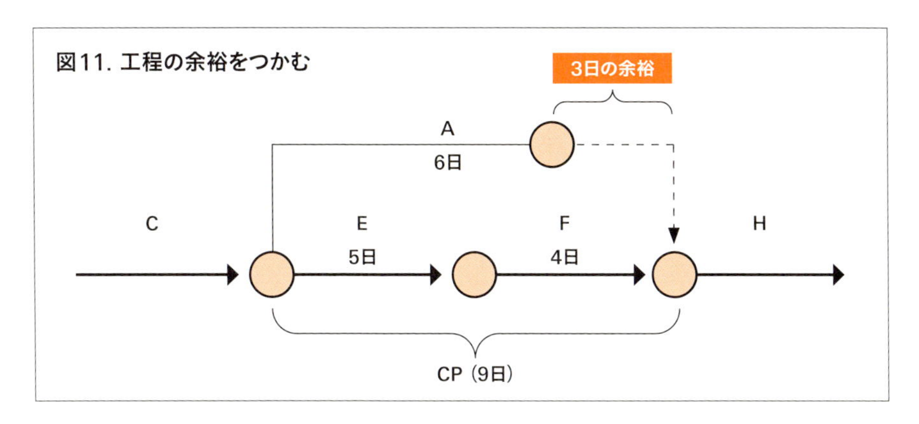

A工程では3日の余裕日数を把握しながら作業する。例えば、1日遅れてもOKだが、2日遅れると黄信号となり、3日遅れると赤信号となり、A工程もCPとなる。万が一、4日遅れることがあれば、H工程のスタートが1日遅れ、全体工程も遅れる。

施工管理技術者は、どの工程にどの程度の余裕があるのかを常に把握しておかなければならない。また、余裕日数を最初に使い切ってしまうと、その時点でCPとなってしまう。余裕日数はトラブルに備えて、最後まで取っておく方がよい。

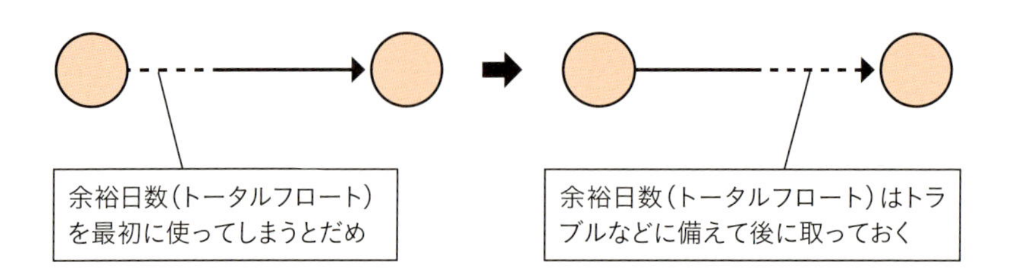

もっとも、工程を詳細に立てれば立てるほど、各工程に少しずつ余裕日数(トータルフロート)を設けてしまい、結果として全体工程が延びてしまいがちになる。

例えば、次の管きょ設置工事について考えてみよう。

当初工程は11日。この工程を詳細に作成すると、以下のようになる。

横断管きょ掘削5日

集水桝据え付け2日

暗きょ設置3日

旧排水処理1日

横断管きょ滑り止め打設3日

横断管きょ基礎、据え付け1日

流入管きょ据え付け1日

流入管きょ打設1日

合計17日

当初工程より6日間長くなってしまった。

そこで、各詳細工程を短縮すると、次のようになる。

横断管きょ掘削5日→3日

集水桝据え付け2日→1日

暗きょ設置3日→2日

旧排水処理1日→1日

横断管きょ滑り止め打設3日→3日

横断管きょ基礎、据え付け1日→1日

流入管きょ据え付け、打設2日→1日

合計12日

詳細工程を計5日短縮することができた。

下表は、第1段階のネットワーク工程表だ。この工事の竣工予定日は8月22日だが、この工程表の最終工期が8月29日となっているので、各工程を短縮しなければならない。

表6. 第1段階のネットワーク工程表

	7月									8月																															9月				
	23	24	25	26	27	28	29	30	31	1	2	3	4	5	6	7	8	9	10	11	12	13	14	15	16	17	18	19	20	21	22	23	24	25	26	27	28	29	30	31	1	2	3	4	5
	土	日	月	火	水	木	金	土	日	月	火	水	木	金	土	日	月	火	水	木	金	土	日	月	火	水	木	金	土	日	月	火	水	木	金	土	日	月	火	水	木	金	土	日	月

排水構造物工

作業土工 11

集水枡マンホール工 3

管梁工 5

側溝工 9

排水工 5

地下排水工 2

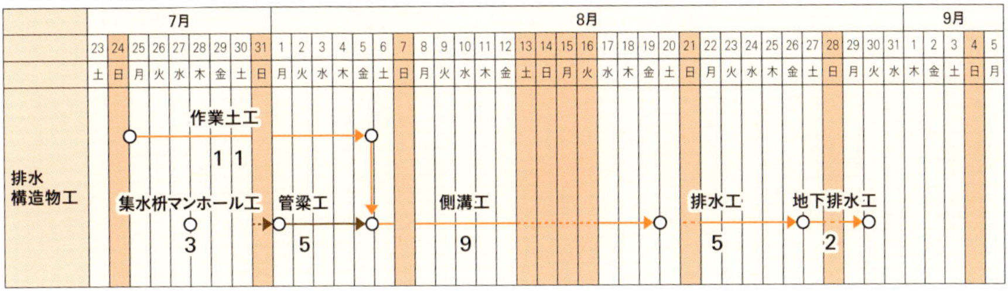

そこで、56ページのように工程を細分化し、各工程に余裕日数を設けたものが下表だ。当初作成したネットワーク工程表では最終工期が8月29日までとなっていたが、この工程表ではさらに9月2日まで延びてしまった。

表7. 細分化して余裕日数を設けた工程表

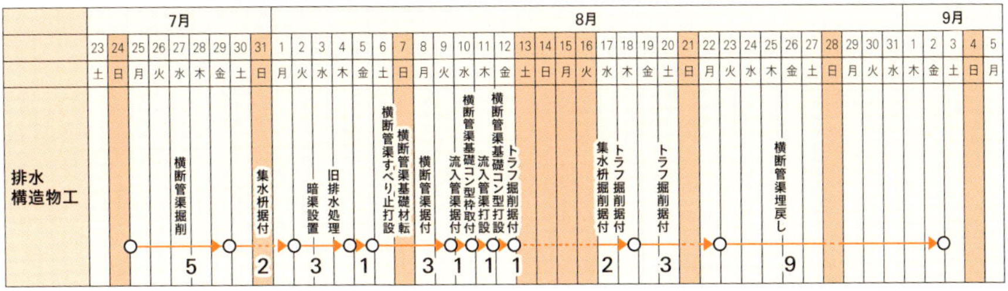

	7月									8月																															9月				
	23	24	25	26	27	28	29	30	31	1	2	3	4	5	6	7	8	9	10	11	12	13	14	15	16	17	18	19	20	21	22	23	24	25	26	27	28	29	30	31	1	2	3	4	5
	土	日	月	火	水	木	金	土	日	月	火	水	木	金	土	日	月	火	水	木	金	土	日	月	火	水	木	金	土	日	月	火	水	木	金	土	日	月	火	水	木	金	土	日	月

排水構造物工

横断管渠掘削 5

集水枡据付 2

暗渠設置 3

旧排水処理

横断管渠すべり止打設 1

横断管渠基礎材転

横断管渠据付 3

流入管渠据付 1

横断管渠基礎コン型枠取付

流入管渠打設 1

横断管渠基礎コン型打設

トラフ掘削据付 1

集水枡掘削据付 2

トラフ掘削据付

トラフ掘削据付 3

横断管渠埋戻し 9

一つひとつの詳細工程の短縮を図った結果、下表のように最終工期が8月22日までに収まり、予定工期を守ることができるようになった。

表8. 一つひとつの詳細工程を短縮した工程表

	7月									8月																														9月				
	23	24	25	26	27	28	29	30	31	1	2	3	4	5	6	7	8	9	10	11	12	13	14	15	16	17	18	19	20	21	22	23	24	25	26	27	28	29	30	31	1	2	3	4	5
	土	日	月	火	水	木	金	土	日	月	火	水	木	金	土	日	月	火	水	木	金	土	日	月	火	水	木	金	土	日	月	火	水	木	金	土	日	月	火	水	木	金	土	日	月
排水構造物工				横断管渠掘削		集水枡据付	暗渠設置	旧排水処理		横断管渠すべり止打設 横断管渠基礎材転	横断管渠据付	流入管渠据付	横断管渠基礎コン型枠取付	流入管渠打設 横断管渠基礎コン型打設	トラフ掘削据付	集水枡掘削据付	トラフ掘削据付			トラフ掘削据付								横断管渠埋戻し																	
				3		1	2		1			3	1	1	1	2				3								5																	

4 工期短縮5つの手法

どのようにして工期を短縮すればよいかを考えてみよう。

工期短縮5つの手法を活用する。

(1)【増やす】人や機械を増やすか大きくする

人や機械の数を増やすか大きくすることで、工期を短縮することができる。その方法次第では、原価が上がることも下がることもある。

①2人で6日かかる作業（2人×6日＝12人日）を、3人投入すれば4日（3人×4日＝12人日）でできるので、2日短縮できる。さらに、4人投入すれば3日（4人×3日＝12人日）となる。

原価は労務単価　2万円/人日×12人＝24万円/日となるので、変更前後で変わらない。

②5人班で大工作業をする場合、大工2人と手元作業員3人の当初計画を、大工3人と手元作業員2人にすれば、作業効率が上がり、工期短縮できる。

原価は大工2万円/日、手元作業員1万5000円/日とすると、

変更前2万円×2人＋1万5000円×3人＝8万5000円

変更後2万円×3人＋1万5000円×2人＝9万円

となり、原価は変更後の方がアップする。

③大工や鉄筋工など専門職は増やせないが、補助作業員は増員できる場合、補助作業員に専門職の仕事の一部を代わってもらうことで工期を短縮することができる。この場合、材料運搬や洗浄、養生などの補助作業を分業することが重要だ。

④バックホー0.4㎥を当初の1台から2台に増やせば工期は半分になる。
バックホー0.4㎥レンタル料1万円/日、当初作業日数10日とすれば、1万円/日×1台×10日＝10万円
変更後は、1万円/日×2台×5日＝10万円となり、原価は変わらないが、バックホーの回送費が1台分余分にかかってしまう。

⑤バックホー0.4㎥で計画していた作業（当初作業日数100日）を、バックホー0.7㎥でやれば、100日×（0.4㎥÷0.7㎥）＝57日となり、工期を43日短縮できる。
当初の原価は、1万円/日×100日＝100万円に対して、
バックホー0.7㎥レンタル費用1万5000円/日とすると、
変更後の原価は、1万5000円×57日＝85万5000円となり、
14万5000円の低減が可能となる。

留意点

人や機械、設備を増やすことが本当に可能なのかを確認しておく必要がある。
・人や機械が動くことのできる場所（スペースやエリア）があるか
・関連作業はないか。ある場合はそちらも増やす必要があるか
・仮設備能力（足場、揚重、電力、駐車場、詰め所）は十分か
・資材搬出入の場内小運搬に問題はないか

（2）【延ばす】作業時間を延ばす

作業時間を延ばせば、単純に工期を短縮できる。いわゆる突貫工事は、この手法を用いることが多い。

①1日の作業時間を8時間から10時間に延ばす
2時間残業して、1日の作業時間を8時間から10時間にすると、工期を25%（2時間÷8時間×100%）短縮できる。ただし、残業手当てや照明費用、夜食費用など余分な経費がかかることが多い。

②1カ月の作業日数を24日から26日に延ばす

土曜日や祝日、日曜日に作業することで作業時間を延ばす。作業時間を延ばした分、工期は短縮できる。ただし、無理な作業を強いることで、品質の低下や作業効率の低下を招くことがある。

(3)【並行】直列作業を並行作業に変更する

当初は直列で行う予定だった作業を並列で行う。

①ある作業工程が終わるのを待ってから別の工程を始めるのではなく、作業工程を細分化して、複数の作業を並行して進める。例えば、造成が終わってから基礎杭の打設をするという当初の予定を変更して、造成がある程度進んだ段階で杭打ちを始めることで、造成と杭打ちの作業を並行して行うことができる。

②鉄筋を組み終えてから型枠を組み立てるのではなく、鉄筋を組みながら型枠の組み立ても並行して進める。

③トンネルを両側から施工したり、数カ所の橋梁を同時に施工したりする。建物の面積が広い場合は、区画割りをして施工する。一度に多くの作業員を動員し、仮設や機械を使用することになるが、工期を短縮できる。

留意点

同時並行することで作業効率が低下する恐れがあるので、検証が必要だ。

(4)【外部】現場の作業を外部の作業に変更する

工事現場でする作業を前工程が進行している間に別の場所で行う。

①コンクリートを工事現場で打設せずに、工場で2次製品として製作して現場に据え付けることで、打設期間分の工期を短縮できる。

②鉄筋を現場で組み立てず、加工場である程度組み立てたものを現場に投入することで、工期を短縮できる。

③コンクリートブロックをALC版へ、断熱ウレタン吹き付けをスタイロフォームへ、壁モルタル仕上げをGLボード貼りへ、ブロック間仕切りを軽量下地ボードへ——など、建築材料を工場製作品に変更することで、工期を短縮できる

(5)【効率化】省人化、活人化

現場のムダを省き、省力化を進めることで、工期短縮につなげる。

ただし、省力化を進めるだけではコストダウンにならないことがあるので注意が必要だ。ムダを排除した時間を使って、仕事をゆっくり丁寧に進めるような場合が、それに当たる。

例えば、1日当たり2時間分のムダな作業をなくし、1人が8時間でしていた仕事を6時間でできるようにする省力化に成功しても、減らした2時間分を本来の作業を丁寧にすることに費やしてしまうとコストダウンにならない。

①機械化やICT（情報通信技術）化による省力化

これまで人力で行っていた作業を機械化やICT化することで、作業能率を上げ、省力化することができる。運搬作業を機械化するには、レッカーやフォークリフト、高所作業車などを用いる。ICTの活用による省力化については、第4章で詳述する。

②工法や材料の変更による省力化

工法や材料を変更することで、工期を短縮できる。例えば、以下のような手法だ。

・普通セメントを早強セメントに変更することによる養生期間の短縮
・湿式工法を乾式工法に変更することによる養生期間の短縮
・レイタンス硬化剤の使用によるレイタンス除去作業期間の短縮

③省人化による工程短縮

1人が5日間（8時間/日）でしていた仕事を、1日2時間の省力化に成功した場合、1日当たり25%（2時間÷8時間×100%）の短縮になるので、全体では1日分（0.25×4日）の工程を短縮できる。つまり、同じ仕事を1人が4日間でできるようになる。これをムダな人工を減らすという意味で「省人化」という。

作業工程の順序を入れ替えることで工期を短縮できるケースもある。例えば、建物を造るときの最後の工程である外構工事では、協力会社が輻輳して生産性が落ちてしまうことがある。この場合、仮設足場を設置する前に埋設配管などを先行することで、足場解体後に輻輳してしまう作業を分散できる。その結果、省人化に成功して、外構工事の期間を短縮できる。

このように、作業の順序を入れ替えたり、集中して作業に取り組める作業環境を整えたりすることで省人化を図り、工期短縮につなげることができる。

④少人化（活人化）による人工削減

5人のチームが5日間（8時間/日）でしていた仕事を、省人化によって4人のチームが5日間（8時間/日）でできるようになれば、コストダウンにつながる。これを一人ひとりの能力を最大限に活用するという意味で「少人化（活人化）」という。

この場合は工程短縮にならないが、

5日×5人＝25人・日 → 5日×4人＝20人・日

となり、少人化（活人化）による5人・日のコストダウンとなる。

例えば、各作業で配置していた専門職種の技能者を多能工に置き換えることで、技能者の総数を減らすことができる。

このように、少人化（活人化）することで、人工の削減につなげることができる。

5 工期と原価の関係

ここまで工期短縮の手法について述べてきた。ここからは工期と原価の関係についてみていく。

実は、工期が短ければ短いほど原価が低いというわけではない。なぜなら、工期を短縮しようとすると、間接工事費（現場経費）は安くなるが、直接工事費（労務費や外注費）が高くなるからだ。

ここでは、最も低い原価で施工できる工期（最適工期）の求め方について説明する。

直接工事費と間接工事費と工期の関係について、まずは図1を見てみよう。

直接工事費と間接工事費は、工期に対して逆の相関関係にある。すなわち、工期が短くなるほど直接工事費が高くなる一方で、間接工事費は低くなる。グラフで直接工事費と間接工事費が交わるところが最適工期だ。

グラフを見ると、最適工期は標準工期と特急工期（あらゆる手段を使って最短

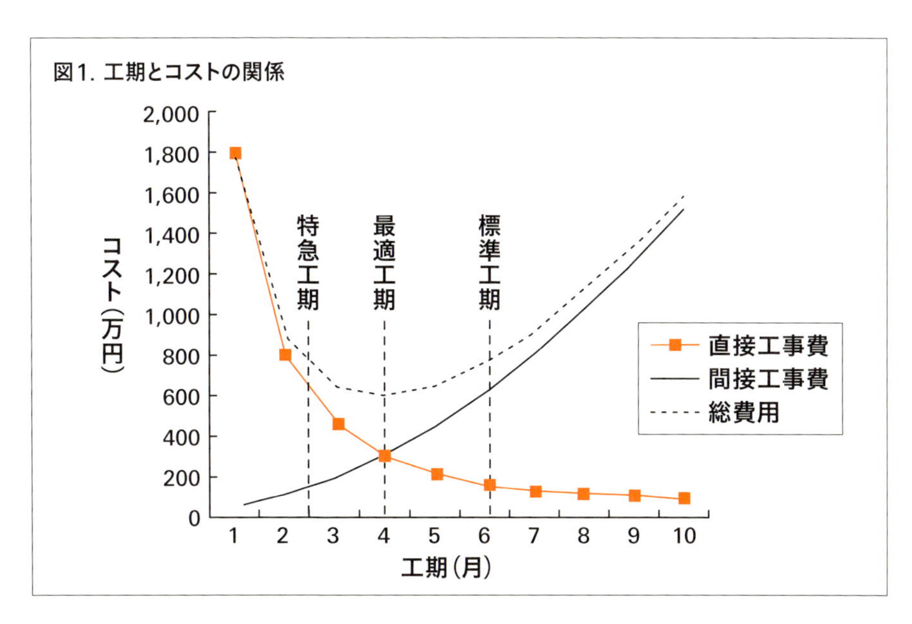

となる工期）の中間にあることが分かるだろう。

実際は、発注者が工期を決めることが多い。その工期に間に合わせるには、特急工期で施工し、かつ余分なコストがかからない方法を取る必要がある。

まず工種について、工期を短縮できるものと、どうしても短縮できないものに分けることから始めよう。

どうしても工期短縮できない工種は、建設地の制約で作業員を増員できなかったり、近隣住民の要望で残業できなかったり、機械化できなかったりするものだ。

次に、工期短縮した際に、どの程度コストが余分にかかるのかを算出する。余分にかかるコストとは次のようなものだ。

・作業員を増員した場合の募集経費

・残業や休日作業した場合の割り増し賃金

・機械や設備を増強した場合の追加経費や運搬経費

・遠方から資材調達した場合の運送費

・機械化した場合の機械経費

・同時並行作業に変更した場合の効率低下による追加人件費

具体的な事例で考えよう。

下図のような21日工程（クリティカルパス21日＝A3日＋B5日＋D5日＋G4日＋H4日）の工事がある。この工程を3日間短縮して18日工程にする。

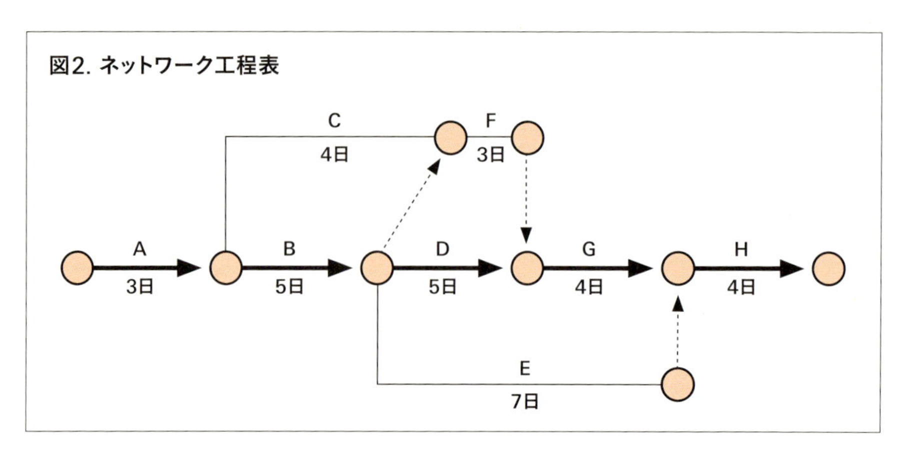

表1は、各工種の標準工期と費用、特急工期にした場合の費用、さらに短縮可能日数を示したものだ。

表1. 工期と短縮可能日数

作業名	標準工期		特急工期		短縮可能日数（日）	短縮1日当たり余分出費（万円）
	作業日数（日）	費用（万円）	作業日数（日）	費用（万円）		
A	3	30	3	30	0	-
B	5	40	4	45	1	5
C	4	60	2	80	2	10
D	5	80	3	96	2	8
E	7	50	5	80	2	15
F	3	100	3	100	0	-
G	4	70	3	95	1	25
H	4	20	3	26	1	6

また、3日短縮する場合の余分出費を5つのケースについて算出したのが表2だ。この場合、ケース（ウ）のように、作業のB、D、Hをそれぞれ1日短縮する方法を取ると、追加費用が19万円となり、最も余分なコストがかからないことが分かる。

表2. 3日短縮する場合の余分出費

作業名	短縮可能日数(日)	短縮1日当たりの余分出費(万円)	ケース				
			ア	イ	ウ	エ	オ
A	0						
B	1	5	1	1	1		
C	2	10					
D	2	8	1	2	1	2	1
E	2	15					
F	0						
G	1	25	1				1
H	1	6			1	1	1
3日短縮時の余分出費(万円)			38	21	19	22	39

最も余分なコストがかからない場合（ウ）のネットワーク工程表を作成すると、図3のようになる。

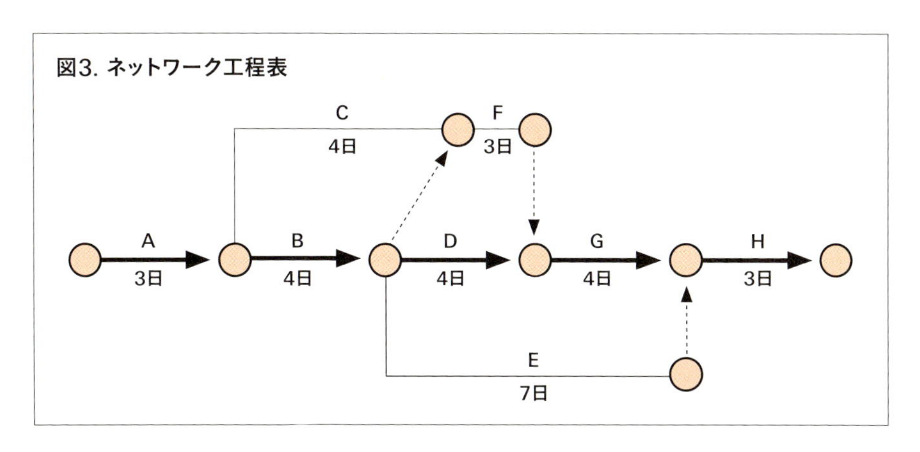

図3. ネットワーク工程表

このようにして、最適工期を算出することで、工期短縮と原価低減の両方を達成できる。

6 事例で学ぶ

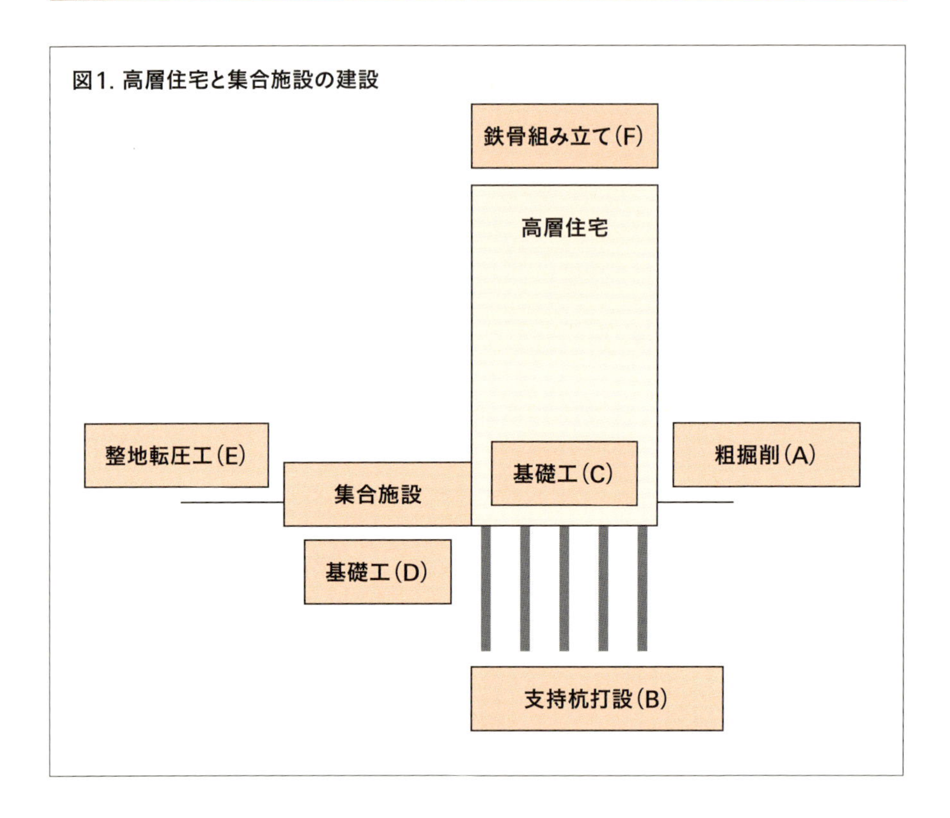

図のような高層住宅とその集合施設の建設工事について考えてみよう。
高層住宅は杭基礎、集合施設は直接基礎の設計で、予定工期は30日。

■施工順序

①全体（集合施設と高層住宅）の粗掘削（A）
②高層住宅の支持杭打設（B）→基礎工（C）
　集合施設の基礎工（D）→整地転圧工（E）
　これらは同時施工が可能
③集合施設の基礎工（D）と整地転圧工（E）の完了後
　そのエリアにクレーンを据え付けて高層部の鉄骨組み立て（F）をする

【手順1】それぞれのアクティビティの所要時間を見積もる

まず、作業内容ごとの所要日数と作業編成を明確にする。

表1. 作業内容の見積もり

作業内容	作業の所要日数	作業編成
A:粗掘削工	1500㎥÷300㎥/日=5日	バックホー1台、ダンプトラック2台 オペレーター3人
B:高層住宅 支持杭打ち工	PC300×8m　50本 50本÷10本/日+機械搬入2日 +搬出1日=8日	杭打機1セット 作業者5人
C:高層住宅 基礎工	コンクリート4ブロック× 2日/ブロック+養生4日=12日	(型枠工2人+鉄筋工2人+コンクリート工3人)/パーティー トラッククレーン10t/パーティー
D:集合施設 基礎工	コンクリート3ブロック× 2日/ブロック=6日	(型枠工2人+鉄筋工2人+コンクリート工3人)/パーティー トラッククレーン10t/パーティー
E:集合施設 整地転圧工	300m3÷30㎥/日=10日	ブルドーザー2台、 バックホー2台、オペレーター4人
F:高層住宅 鉄骨組み立て工	200t÷20t/日(1パーティー) =10日	トラッククレーン20t、 とび5人/1パーティー

作業ごとの単価は下表の通り。

表2. 単価表

項目	使用	金額
労務費	作業員、オペレーター、とび	2万円/日
機械リース費	バックホー、ブルドーザー、 ダンプトラック	2万円/日・台
杭打設機械リース費		5万円/日・セット
重機回送料金	重機、杭打機とも	片道2万円
トラッククレーンリース費	20t	3万円/日
トラッククレーンリース費	10t	2万円/日

【手順2】ネットワーク工程表の作成

所要日数と各工程の関連性によってネットワーク工程表を作成する。

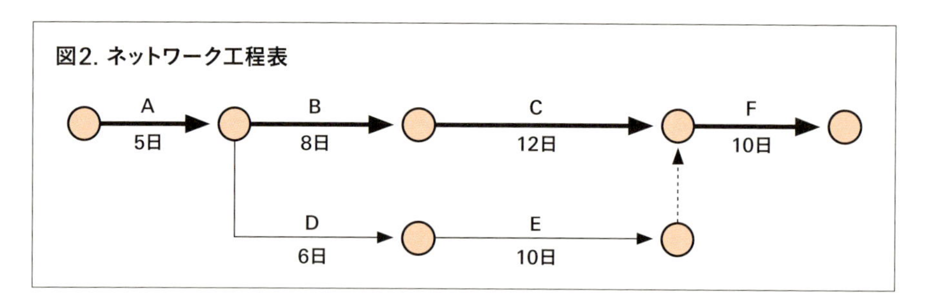

ネットワーク工程表によると、クリティカルパスは、

A→B→C→F

となり、全体工期は35日（A5日＋B8日＋C12日＋F10日）となる。

予定工期は30日なので、5日短縮する必要がある。

工期短縮5つの手法に沿って、工期短縮案を原価の変化とともに考えてみよう。

(1)【増やす】人や機械を増やすか大きくする

①粗掘削工（A）で、バックホー1台、ダンプトラック2台、オペレーター3人のパーティーをもう1班編制すると、工期は5日が2.5日と半分になる。ただし、バックホーは自走できないため、回送費が余分にかかる。

工程：粗掘削工　2パーティーにする	2.5日短縮

原価

項目	内容	数量	単位	単価	金額	適用
回送費	バックホー	2	片道	20,000	40,000	

②鉄骨組み立て工（F）で、トラッククレーン20tととび5人を1パーティーとして考えているが、同じ編成で2パーティーとすると、工期は半分になり、5日間短縮できる。

工程：鉄骨組み立て工　2パーティーにする	5日短縮
原価	±0

(2)【延ばす】作業時間を延ばす

①粗掘削工（A）で、1日（8時間/日）に2時間残業すると、5日の作業を4日でできるようになるので、1日短縮できる。残業手当てが追加でかかるが、重機のリース費用が1日分かからなくなり、総合的に見れば原価低減となる。

工程：粗掘削　1日2時間残業する					1日短縮	
原価						
項目	**内容**	**数量**	**単位**	**単価**	**金額**	**適用**
残業	オペレーター	24	時間	625	15,000	2時間/日×4日×3人
リース費用	バックホー	▲1	日	20,000	▲20,000	
	ダンプトラック	▲2	日	20,000	▲40,000	
合計					▲45,000	

②支持杭打ち工（B）で、残業して工期を短縮する場合。杭打ちでは、打設中に作業を止めることができないので、1本単位で打ち終えるように計画しなければならない。1～2日目は3時間残業で13本打設、3～4日目は2時間残業で12本打設とする。

残業手当てが追加でかかるが、杭打ち機のリース費用が1日分かからなくなり、結果的に原価低減となる。

工程：支持杭打ち工　1日3時間残業する					1日短縮	
作業手順 8時間×60分/10本＝48分 1日目～2日目　13本打設　3時間残業 3日目～4日目　12本打設　2時間残業						
原価						
項目	**内容**	**数量**	**単位**	**単価**	**金額**	**適用**
残業	オペレーター	50	時間	625	31,250	(3+2)時間/日×2日×5人
リース費用	杭打ち機	▲1	日	50,000	▲50,000	
合計					▲18,750	

③整地転圧工（A）について、1日に2時間残業すると2日（8時間/日×10日＝10時間/日×8日）短縮できる。残業手当てが追加で必要となるが、重機のリース費用が2日分かからなくなるので、総合的に見ると原価低減できたことになる。

工程：整地転圧工　1日2時間残業する	2日短縮

原価

項目	内容	数量	単位	単価	金額	適用
残業	オペレーター	64	時間	625	40,000	2時間/日×8日×4人
リース費用	バックホー	▲4	日	20,000	▲80,000	
	ダンプトラック	▲4	日	20,000	▲80,000	
合計					▲120,000	

(3)【並行】直列作業を並行作業に変更する

①支持杭打ち工（B）で、杭打ち機の搬入・搬出を前後工種と並行して作業することで、工期を3日（搬入2日＋搬出1日）短縮できる。ただしこの場合、杭打ち機組み立てヤードが別途必要となる。

工程：支持杭打工　搬出入の日程を前後の工種と並行作業とする	**3日短縮**
原価	±0

②高層住宅基礎工（C）のコンクリート養生期間（4日間）に、後工程にある鉄骨組み立て工を開始することで、工期を4日短縮できる。

工程：高層住宅基礎工　養生期間に鉄骨組み立て工を開始する	**4日短縮**
原価	±0

(4)【外部】現場の作業を外部の作業に変更する

高層住宅基礎工（C）のコンクリート工をプレキャスト化することで、養生期間が不要になり、4日短縮できる。

工程;高層住宅基礎工　プレキャスト化	4日間短縮
原価	プレキャスト化の方法による

(5)【省力化】省人化、活人化

機械化やICT活用によって省力化することで工期を短縮できる。

事例を列挙する。

・粗掘削工、整地転圧工＝建設機械のICT化（MC、MG）

・支持杭打ち工＝杭芯追尾システムの導入

・鉄骨組み立て工＝自動溶接ロボット、自動ボルト締め付け機の導入

・基礎工＝レイタンス除去機の導入

7 標準歩掛かり一覧

工程計画を作成する際には、作業手順を決め、歩掛かりによって所要日数を算定することがベースになる。

以下に、土木工事・建築工事別に標準歩掛かり一覧を示す。表中の歩掛かりはあくまで参考値だ。また、標準歩掛かりに幅をもたせている項目もあるが、その平均値が正しいわけではない。

工程計画のたたき台を作成したり、工期短縮や原価低減に取り組んだりする際の参考にしてほしい。

(1)土木工事

「改訂53版 建設工事標準歩掛」(一般財団法人建設物価調査会著)参照

土工

作業名	仕様・規格	単位	標準歩掛かり
機械土工			
掘削押し土(運搬)	ブルドーザー20t	㎥/台日	200〜540㎥
	ブルドーザー32t	㎥/台日	440〜710㎥
掘削積み込み	バックホー平積み0.35㎥	㎥/台日	70〜160㎥
	バックホー平積み0.6㎥	㎥/台日	130〜310㎥
	バックホー平積み1.0㎥	㎥/台日	260〜520㎥
岩盤掘削	ブレーカー油圧式1300kg軟岩	㎥/台日	32〜63㎥
	硬岩	㎥/台日	21〜41㎥
敷きならし	ブルドーザー15t	㎥/台日	280〜690㎥
	ブルドーザー21t	㎥/台日	570〜980㎥
締固め	ブルドーザー8〜20t	㎥/台日	160〜1330㎥
人力土工			
切り崩し		㎥/人日	2.5〜4.3㎥
床掘り		㎥/人日	1.7〜2.5㎥
積み込み		㎥/人日	5.3〜7.7㎥
埋め戻し		㎥/人日	3.8〜4.3㎥

法面工

作業名	仕様・規格	単位	標準歩掛かり
法面整形			
機械土羽整形	バックホー平積み0.6㎥	㎡/人日	77㎡
人力土羽整形	人力、タンパー60～80kg	㎡/人日	20㎡
ブロック積み			
150kg/個未満			
間知ブロック	コンクリートブロック張り工、胴込めコンクリート工、裏込め材工、遮水シート張り工	㎡/人日	4.8㎡
平ブロック		㎡/人日	8.3㎡
連節ブロック		㎡/人日	9.1㎡
150kg/個以上			
間知ブロック	上記と同じ	㎡/人日	4.8㎡
平ブロック		㎡/人日	10.0㎡
連節ブロック		㎡/人日	10.0㎡
ブロック積み(平石張り)			
舗装、床張り	乱形(φ50～600mm程度、平均厚さ10～60mm程度、質量15kg程度まで)	㎡/人日	2.8㎡
	方形(短辺が100mm以上、長辺が1500mm以下、厚さ25～120mm程度、質量60kg程度まで)	㎡/人日	4.4㎡
壁張り	乱形(φ60～300mm程度、平均厚さ15～50mm程度、質量7kg程度まで)	㎡/人日	2.2㎡
	方形(短辺が140mm以上、長辺が600mm以下、厚さ30～120mm程度、質量60kg程度まで)	㎡/人日	2.0㎡

コンクリート工

作業名	仕様・規格	単位	標準歩掛かり
人力打設(無筋、鉄筋構造物)	シュート・ホッパーの架設、移設含む	㎥/人日	3.8㎥
人力打設(小型構造物)		㎥/人日	2.2㎥
小型構造物クレーン打設	運搬バケットへのコンクリート積み込み、玉掛け作業含む	㎥/人日	1.9㎥
無筋、鉄筋構造物ポンプ車打設	10～300㎥/日	㎥/人日	9.3㎥
	300～600㎥/日	㎥/人日	21.7㎥

はつり工

作業名	仕様・規格	単位	標準歩掛かり
はつり工　ピックハンマー	はつり厚3cm以下	㎥/人日	5.6㎥
	はつり厚3～6cm	㎥/人日	3.3㎥

蛇籠、ふとんかご

作業名	仕様・規格	単位	標準歩掛かり
蛇籠(法面整形、床こしらえ、組み立て、据え付け、詰め石、埋め戻し、小運搬30m以下)	φ45cm、1.5㎥	m/人日	13.9m
	φ60cm、2.7㎥	m/人日	7.9m
ふとんかご(床こしらえ、吹き出し防止材設置、かご組み立て・据え付け、詰め石、埋め戻し、小運搬30m以下)	スロープ式		
	高さ40cm、幅120cm、4.6㎥	m/人日	7.8m
	高さ50cm、幅120cm、5.7㎥	m/人日	6.4m
	高さ60cm、幅120cm、6.8㎥	m/人日	5.3m
	階段式		
	高さ40cm、幅120cm、4.6㎥	m/人日	7.2m
	高さ50cm、幅120cm、5.7㎥	m/人日	5.7m
	高さ60cm、幅120cm、6.8㎥	m/人日	4.9m

型枠工

作業名	仕様・規格	単位	標準歩掛かり
型枠工(剥離剤塗布、ケレン含む製作、設置、撤去)	一般型枠(鉄筋・無筋構造物)	㎡/人日	3.5㎡
	一般型枠(小型構造物)	㎡/人日	3.6㎡
	合板円形型枠	㎡/人日	2.4㎡
	ならしコンクリート基礎型枠	㎡/人日	6.7㎡

足場工

作業名	仕様・規格	単位	標準歩掛かり
足場工 設置、撤去(安全ネット)	手すり先行型枠組み足場	掛㎡/人日	9.7掛㎡
	単管足場	掛㎡/人日	9.1掛㎡
	単管傾斜足場	掛㎡/人日	10.5掛㎡

支保工

作業名	仕様・規格 コンクリート厚t(cm)	単位	標準歩掛かり
支保工 設置、撤去(パイプサポート支保、40空㎥以上)	t≦120	空㎥/人日	6.8空㎥
	120<t≦190	空㎥/人日	3.8空㎥
支保工 設置、撤去(くさび結合支保、40空㎥以上)	t≦120	空㎥/人日	10.8空㎥
	120<t≦250	空㎥/人日	6.7空㎥
支保工 設置、撤去(パイプサポート支保、40空㎥以下)	t≦120	空㎥/人日	6.1空㎥

路盤工

作業名	仕様・規格	単位	日当たり施工量
車道施工	不陸整正	㎡/層日	1580㎡
	路盤工	㎡/層日	1110㎡
歩道施工	路盤工	㎡/層日	268㎡

アスファルト舗装（機械施工＝施工幅1.4m以上）

作業名	仕様・規格	単位	日当たり施工量
車道、路肩	1.4≦施工幅≦3.0	㎡/層日	1300㎡
	3.0<施工幅	㎡/層日	2300㎡
歩道	1.4≦施工幅≦3.0	㎡/層日	940㎡
	3.0<施工幅	㎡/層日	1000㎡

作業名	仕様・規格	単位	日当たり編成人員
車道、路肩	1.4≦施工幅≦3.0	人	9人
	3.0<施工幅	人	10人
歩道	1.4≦施工幅	人	9人

アスファルト舗装（人力施工＝施工幅1.4m未満）

作業名	仕様・規格	単位	日当たり施工量
車道、路肩、歩道	一層当たり仕上がり厚≦50	㎡/層日	250㎡
	50≦一層当たり仕上がり厚≦70(100)	㎡/層日	230㎡

作業名	仕様・規格	単位	日当たり編成人員
車道、路肩、歩道	一層当たり仕上がり厚≦50	人	7人
	50≦一層当たり仕上がり厚≦70(100)	人	8人

カッコ内の数値は瀝青安定路盤に適用

アスカーブ設置

作業名	仕様・規格	単位	日当たり施工量
アスカーブ設置工		m/日	260m

作業名	仕様・規格	単位	日当たり編成人員
アスカーブ設置工		人	4人

(2) 建築工事

「建築工程表の作成実務」(工程計画研究会編著) 参考

準備期間

作業名	仕様・規格	単位	所要日数(暦日)
沿道掘削・自費工事許可申請			
書類作成		日	10〜15日
申請期間	国道	日	30日
	地方道	日	14〜21日
バス停移設		月	4〜5カ月
鉄道沿線工事	協議など	月	2〜6カ月
建設工事計画届け			
書類作成	施工床面積1000㎡以下	日	20〜30日
	施工床面積1000〜5000㎡	日	25〜40日
	施工床面積5000㎡〜10000㎡	日	40〜50日
届け出期間			14日

解体工事(RC造)

作業名	仕様・規格	単位	標準歩掛かり
準備期間(届け出含む)	延べ面積　1000㎡以下	日	10〜20日
	延べ面積　1000〜5000㎡	日	15〜25日
内装材撤去期間	延べ面積　1000㎡以下	日	5〜10日
	延べ面積　1000〜5000㎡	日	7〜15日
地上部分コンクリート解体	圧砕機	㎡/日・台	30〜50㎡
	圧砕機	㎥/日・台	15〜25㎥
地下部分コンクリート解体	圧砕機・ジャイアントブレーカー併用	㎡/日・組	10〜25㎡
	圧砕機・ジャイアントブレーカー併用	㎥/日・組	10〜15㎥

解体工事(木造)

作業名	仕様・規格	単位	標準歩掛かり
準備期間(届け出含む)		日	7〜10日
木造解体	延べ面積　100㎡以下	日	5〜10日
	延べ面積　100〜200㎡	日	10〜15日
	延べ面積　200〜500㎡	日	15〜25日
	延べ面積　500〜1000㎡	日	25〜35日
	延べ面積　1000〜2000㎡	日	30〜40日

仮設工事1

作業名	仕様・規格	単位	標準歩掛かり
仕上げ墨出し	親墨・通り芯・陸墨程度		
	A＜780㎡	日/組(2人)	約1日
	780≦A＜1000㎡	日/組(2人)	1～1.3日
	1000≦A＜2000㎡	日/組(2人)	1.3～2.6日
	2000≦A＜3000㎡	日/組(2人)	2.6～3.8日
	3000≦A＜4000㎡	日/組(2人)	3.8～5.2日
	4000≦A＜5000㎡	日/組(2人)	5.2～6.4日
仕上げ墨出し	タイル、石割り、建具仕上げ墨程度		
	A＜600m2	日/組(2人)	約1日
	600≦A＜1000㎡	日/組(2人)	1～1.6日
	1000≦A＜2000㎡	日/組(2人)	1.6～3.3日
	2000≦A＜3000㎡	日/組(2人)	3.3～5.0日
	3000≦A＜4000㎡	日/組(2人)	5.0～6.7日
	4000≦A＜5000㎡	日/組(2人)	6.7～8.3日
枠組み足場架設	W＝900㎜	㎡/人・日	35～60㎡
	W＝1200㎜	㎡/人・日	30～60㎡
枠組み足場解体	W＝900㎜	㎡/人・日	55～105㎡
	W＝1200㎜	㎡/人・日	55～100㎡
天井足場架設	枠組みH＜3700㎜	㎡/組・日	130～180㎡
	枠組みH＜3700㎜	㎡/組・日	280～380㎡

仮設工事2

作業名	仕様・規格	単位	標準歩掛かり
タワークレーン組み立て	形式JCC－400H級	日/組(4人)	5.0～7.5日
タワークレーン解体	形式JCC－400H級	日/組(4人)	3.5～7.5日
タワークレーン組み立て	形式JCC-75	日/組(4人)	3.5～5.0日
タワークレーン解体	形式JCC-75	日/組(4人)	3.0～4.0日
パワーリーチ組み立て	E-60	日/組(4人)	2.0～3.5日
パワーリーチ解体	E-60	日/組(4人)	1.5～3.0日
パワーリーチ組み立て	E-24	日/組(4人)	1.5～3.5日
パワーリーチ解体	E-24	日/組(4人)	1.0～2.5日
人荷ELV組み立て	ロングスパンエレベーター	日/組(4人)	2.0～4.0日
人荷ELV解体	ロングスパンエレベーター	日/組(4人)	1.5～4.5日

杭工事

作業名	仕様・規格	単位	標準歩掛かり
場所打ちコンクリート杭			
アースドリル杭打ち機械	機械搬入・組み立て・解体・搬出	日/台	3～4日
アースドリル杭打設(小型)	φ1000　中位以下の地盤	m/日・台	25～35m
アースドリル杭打設	φ1000　中位以下の地盤	m/日・台	30～50m
アースドリル杭打設(小型)	φ1500　中位以下の地盤	m/日・台	20～25m
アースドリル杭打設	φ1500　中位以下の地盤	m/日・台	30～45m
	φ2000　中位以下の地盤	m/日・台	20～40m
リバース杭打ち機械	機械搬入・組み立て・解体・搬出	日/台	6～7日
リバース杭打設	φ1500　中位以下の地盤	m/日・台	25～45m
	φ2000　中位以下の地盤	m/日・台	20～40m
	φ2500　中位以下の地盤	m/日・台	20～35m
拡底リバース杭打設	φ2000　中位以下の地盤	m/日・台	20～35m
ベノト杭打ち機械	機械搬入・組み立て・解体・搬出	日/台	3～4日
ベノト杭打設	φ1000　レキ層地盤	m/日・台	15～30m
	φ1500　レキ層地盤	m/日・台	15～25m
	φ2000　レキ層地盤	m/日・台	10～20m
BH杭打ち機械	機械搬入・組み立て・解体・搬出	日/台	3～4日
BH杭打設	φ1000　中位以下の地盤	m/日・台	15～20m
	φ1500　中位以下の地盤	m/日・台	10～15m
深礎	φ1200　手堀り	m/日・組	2～5m
	φ1200　機械堀り	m/日・組	5～15m
杭頭処理		㎥/日・人	1.5～2.5㎥
既製コンクリート杭			
既製コンクリート杭打ち機械	機械搬入・組み立て・解体・搬出	日/台	3～4日
中堀り工法(認定)	φ600以下　中位以下の地盤	m/日・台	90～140m
セメントミルク工法(認定)	φ600以下　中位以下の地盤	m/日・台	80～120m

山留め工事

作業名	仕様・規格	単位	標準歩掛かり
アポロン(ラフター)	機械搬入・組み立て・解体・搬出	日/台	約0.5日
H鋼打設(アポロン)	プレボーリング　中位の地盤	m/日・台	80～120m
クローラー(三点式)	機械搬入・組み立て・解体・搬出	日/台	3～4日
H鋼・SP打設(クローラー)	機械搬入・組み立て・解体・搬出	m/日・台	100～150m
	バイブロ　中位以下の地盤	m/日・台	200～300m
H鋼・SP打設	圧入　柔らかい地盤	m/日・台	120～220m
H鋼・SP引抜き	バイブロ	m/日・台	250～350m
SMW機	機械搬入・組み立て・解体・搬出	日/台	5～6日
SMW柱列壁	φ550～600　柔らかい地盤	㎡/日・台	80～120㎡
	φ550～600　レキ・土丹	㎡/日・台	60～100㎡

桟橋工事

作業名	仕様・規格	単位	標準歩掛かり
桟橋架設上部組み立て	(覆工板・根太・大引き・杭頭・水平ブレース)	㎡/組・日	60〜75㎡
桟橋架設下部組み立て	1段重機使用	㎡/組・日	115〜130㎡
	2段重機使用	㎡/組・日	95〜120㎡
	3段重機使用	㎡/組・日	90〜110㎡
桟橋架設上部解体		㎡/組・日	125〜140㎡
桟橋架設下部解体		㎡/組・日	130〜150㎡

切梁支保工架設工事

作業名	仕様・規格	単位	標準歩掛かり
井型切梁・腹起架設	H300　1段〜2段	㎡/組・日	140〜180㎡
	H400　3段	㎡/組・日	100〜140㎡
	H400　4段以上	㎡/組・日	80〜130㎡
井型切梁解体	H400　4段以上	㎡/組・日	200〜230㎡
	H400　3段	㎡/組・日	230〜290㎡
	H300　1段〜2段	㎡/組・日	260〜330㎡

地盤アンカー架設工事

作業名	仕様・規格	単位	標準歩掛かり
地盤アンカー	ロータリーパーカッション		
	1段目	m/組・日	25〜45m
	2段目	m/組・日	25〜45m
	3段目	m/組・日	20〜35m
	ロータリー　1〜2段目	m/組・日	16〜30m
	ロータリー　3段目	m/組・日	15〜28m

根切り工事

作業名	仕様・規格	単位	標準歩掛かり
1段根切り　0〜5m	機械掘りバケット0.3㎥	㎥/台・日	70〜150㎥
	機械掘りバケット0.7㎥		250〜500㎥
	ただしダンプの運行可能台数による		
2段根切り　5〜10m	機械掘りクラムシェル	㎥/台・日	140〜240㎥
3段根切り　10〜20m	機械掘りクラムシェル	㎥/台・日	120〜180㎥
4段根切り　20〜30m	機械掘りクラムシェル	㎥/台・日	80〜120㎥
埋め戻し	ベルトコンベアー使用	㎥/台・日	35〜80㎥
	シャベル重機使用	㎥/台・日	120〜260㎥

躯体工事

作業名	仕様・規格	単位	標準歩掛かり
基礎躯体工事RC造	二重ピットなし　A≦100㎡	日/躯体工	7～13日
	二重ピットなし　100＜A≦200	日/躯体工	13～17日
	二重ピットなし　200＜A≦400	日/躯体工	17～19日
	二重ピットなし　400＜A≦600	日/躯体工	19～21日
	二重ピットなし　600＜A≦800	日/躯体工	21～23日
基礎躯体工事RC造	二重ピットあり　A≦100㎡	日/躯体工	7～15日
	二重ピットあり　100＜A≦200	日/躯体工	15～18日
	二重ピットあり　200＜A≦400	日/躯体工	18～22日
	二重ピットあり　400＜A≦600	日/躯体工	22～24日
地上躯体工事RC造	階段5.5m未満		
	A≦100㎡	日/躯体工	10～16日
	100＜A≦200㎡	日/躯体工	16～20日
	200＜A≦400㎡	日/躯体工	19～23日
	400＜A≦600㎡	日/躯体工	23～25日
地上躯体工事SRC造	階段5.5m未満		
	A≦100㎡	日/躯体工	8～12日
	100＜A≦200㎡	日/躯体工	12～17日
	200＜A≦400㎡	日/躯体工	16～20日
	400＜A≦600㎡	日/躯体工	19～22日

型枠工事

作業名	仕様・規格	単位	標準歩掛かり
独立基礎型枠組み立て		㎡/人・日	6～16㎡
地中梁型枠組み立て		㎡/人・日	8～16㎡
布基礎型枠組み立て		㎡/人・日	9～16㎡
地下壁片面型枠組み立て		㎡/人・日	6～12㎡
柱型枠組み立て	階高3.5m以下	㎡/人・日	7～13㎡
	階高3.5m以上	㎡/人・日	5～10㎡
内壁型枠組み立て	階高3.5m以下	㎡/人・日	8～16㎡
	階高3.5m以上	㎡/人・日	7～12㎡
大梁型枠組み立て	RC造	㎡/人・日	6～12㎡
	SRC造	㎡/人・日	5～10㎡
小梁型枠組み立て	RC造	㎡/人・日	6～12㎡
スラブ型枠組み立て		㎡/人・日	9～20㎡
階段型枠組み立て		㎡/人・日	3～6㎡
庇・パラペット		㎡/人・日	3～10㎡
普通合板型枠組立て	RC造全体平均	㎡/人・日	8～12.5㎡
	SRC造全体平均	㎡/人・日	7～12㎡
	壁式RC造	㎡/人・日	7～10㎡
型枠解体	基礎型枠	㎡/人・日	55～85㎡
	梁下・スラブ	㎡/人・日	45～75㎡
	柱・壁・梁側	㎡/人・日	50～75㎡
型枠解体・片付け	RC造全体平均	㎡/人・日	25～35㎡

鉄筋工事

作業名	仕様・規格	単位	標準歩掛かり
独立基礎鉄筋組み立て		t/人・日	0.35〜0.95t
布基礎鉄筋組み立て		t/人・日	0.35〜1.05t
耐圧盤鉄筋組み立て		t/人・日	0.60〜1.20t
地中梁鉄筋組み立て		t/人・日	0.50〜1.10t
土間鉄筋組み立て		t/人・日	0.40〜1.10t
柱鉄筋組み立て	RC造	t/人・日	0.42〜0.90t
	SRC造(スパイラルフープ)	t/人・日	0.36〜0.95t
壁鉄筋組み立て		t/人・日	0.30〜0.75t
大梁鉄筋組み立て	RC造	t/人・日	0.36〜0.90t
	SRC造	t/人・日	0.40〜0.90t
小梁鉄筋組み立て	RC造	t/人・日	0.35〜0.85t
	SRC造	t/人・日	0.35〜0.70t
スラブ鉄筋組み立て		t/人・日	0.40〜0.80t
階段鉄筋組み立て		t/人・日	0.20〜0.50t
ガス圧接	D19+D19	箇所/組・日	125〜210カ所
	D22+D22	箇所/組・日	115〜195カ所
	D25+D25	箇所/組・日	100〜180カ所
	D29+D29	箇所/組・日	85〜145カ所
	D32+D32	箇所/組・日	70〜120カ所
エンクローズ溶接	D25	箇所/組・日	40〜90カ所
	D29	箇所/組・日	50〜100カ所
	D32、D35	箇所/組・日	45〜95カ所
	D38	箇所/組・日	43〜90カ所
	D41	箇所/組・日	40〜90カ所

鉄骨工事

作業名	仕様・規格	単位	標準歩掛かり
鉄骨建て方	工場鉄骨(軽量)トラッククレーン	p/日・組・台	30〜45p
	工場鉄骨(軽量)トラッククレーン	t/日・組・台	10〜15t
	工場鉄骨(重量)トラッククレーン	p/日・組・台	30〜45p
	工場鉄骨(重量)トラッククレーン	t/日・組・台	25〜30t
	重層建築トラッククレーン	p/日・組・台	30〜35p
	重層建築トラッククレーン	t/日・組・台	25〜30t
	重層建築タワークレーン	p/日・組・台	40〜45p
	重層建築タワークレーン	t/日・組・台	30〜40t
高力ボルト本締め		本/組・日	250〜500本
特殊高力ボルト本締め	トルシア型	本/組・日	240〜430本
デッキプレート敷き込み	アークスポット溶接	㎡/組・日	50〜120㎡
現場溶接	6m換算　横向き	m/人・日	70〜100m
	6m換算　下向き	m/人・日	90〜140m

特殊躯体工事

作業名	仕様・規格	単位	標準歩掛かり
PCa柱建て方	スプライスリーブ方式	p/組・日	20〜35p
	オールシース方式	p/組・日	15〜33p
PCa柱グラウト	スプライスリーブ方式	p/組・日	25〜40p
	オールシース方式	p/組・日	20〜40p
PCa大梁取り付け		p/組・日	22〜33p
PCa小梁取り付け		p/組・日	28〜35p
PCa外壁取り付け		p/組・日	10〜22p
PCF外壁取り付け		p/組・日	10〜16p
PCa内壁取り付け		p/組・日	7〜20p
PCa床板取り付け		p/組・日	15〜40p
PCf床板取り付け		p/組・日	20〜48p
PCfバルコニー取り付け		p/組・日	10〜20p

メーソンリー工事

作業名	仕様・規格	単位	標準歩掛かり
外壁ALC板張り	縦張り厚100〜150	㎡/人・日	4〜17㎡
	縦張り厚100〜150	㎡/組・日	32〜50㎡
	横張り厚100〜150	㎡/組・日	33〜50㎡
外壁成形セメント板張り	W=600　t＝60	㎡/組・日	28〜60㎡
内壁ALC板取り付け	厚75〜100	㎡/人・日	5〜16㎡
	厚150	㎡/人・日	3〜12㎡
床ALC板取り付け	厚100〜120	㎡/人・日	10 〜25㎡
	厚150	㎡/人・日	7 〜19㎡
壁CB積みA種	厚100〜120　一般目地	㎡/人・日	6 〜14㎡
	厚100〜120　両面化粧	㎡/人・日	4〜12㎡
	厚150　一般目地	㎡/人・日	5〜10㎡
	厚150　両面化粧	㎡/人・日	4〜9㎡
	厚190　一般目地	㎡/人・日	4〜8㎡
	厚190　両面化粧	㎡/人・日	3〜6㎡

※C種の場合　1〜2㎡/人・日減じる

石工事

作業名	仕様・規格	単位	標準歩掛かり
床花崗岩張り	t＝30　方形	㎡/人・日	3〜8㎡
	t＝70　割り石	㎡/人・日	2〜5㎡
床大理石張り	t＝20	㎡/人・日	3〜8㎡
床テラゾーブロック		㎡/人・日	4〜9㎡
壁花崗岩張り	t＝30　方形	㎡/人・日	2〜5㎡
	t＝70　割り石	㎡/人・日	1〜3㎡
壁大理石張り	t＝20	㎡/人・日	2〜6㎡
壁テラゾーブロック		㎡/人・日	3〜6㎡
壁石張り	乾式ファスナー使用	㎡/人・日	2〜4㎡

防水工事

作業名	仕様・規格	単位	標準歩掛かり
アスファルト防水	密着工法立ち上がりとも	㎡/組・日	80～190㎡
	密着露出防水立ち上がりとも	㎡/組・日	70～155㎡
	密着断熱防水立ち上がりとも	㎡/組・日	65～145㎡
	絶縁防水	㎡/組・日	70～155㎡
シート防水	歩行用	㎡/組・日	75～150㎡
	非歩行用	㎡/組・日	65～140㎡
塗膜防水	歩行用	㎡/組・日	80～180㎡
	非歩行用	㎡/組・日	80～160㎡
伸縮目地取り付け	コンクリート押さえ	m/人・日	30～50m
アスファルトシングル葺き		㎡/人・日	16～35㎡
シーリング	15×15　ゴンドラ作業	m/台・日	45～65m
	15×15　足場作業	m/台・日	60～90m
	20×25　ゴンドラ作業	m/台・日	35～50m
	20×25　足場作業	m/台・日	40～70m

タイル工事

作業名	仕様・規格	単位	標準歩掛かり
壁タイル張り	45角マスク張り	㎡/人・日	5～9㎡
	モザイクタイル張り	㎡/人・日	8～11㎡
	小口改良積み上げ張り	㎡/人・日	3～6㎡
	小口改良圧着張り	㎡/人・日	3～6㎡
	小口密着張り（ビブラート）	㎡/人・日	3～8㎡
	二丁掛け改良積み上げ張り	㎡/人・日	3～6㎡
	二丁掛け改良圧着張り	㎡/人・日	4～8㎡
	二丁掛け密着張り（ビブラート）	㎡/人・日	4～8㎡
	100角改良積み上げ張り	㎡/人・日	3～7㎡
	100角接着剤張り	㎡/人・日	6～13㎡
床タイル張り	モザイクタイルユニット張り	㎡/人・日	5～10㎡
	100角	㎡/人・日	4～10㎡
	クリンカータイル	㎡/人・日	4～10㎡
	模様張り	㎡/人・日	3～8㎡
階段タイル張り		㎡/人・日	2～9㎡
タイル目地押さえ		㎡/人・日	5～14㎡

金属工事

作業名	仕様・規格	単位	標準歩掛かり
壁LGS組み立て	H≦3.0m	㎡/人・日	24～50㎡
	3.0<H≦3.7m	㎡/人・日	20～45㎡
壁LGS開口補強		箇所/人・日	5～14カ所
天井LGS組み立て	PB下張り用	㎡/人・日	30～55㎡
	直張り用	㎡/人・日	25～52㎡
天井LGS開口補強		箇所/人・日	9～20カ所

屋根工事

作業名	仕様・規格	単位	標準歩掛かり
長尺瓦棒葺き		㎡/人・日	18〜28㎡
金属折板葺き		㎡/人・日	28〜50㎡
ステンレスシームレス溶接		㎡/人・日	7〜14㎡

左官工事

作業名	仕様・規格	単位	標準歩掛かり
床モルタル塗り	金ごて押さえ	㎡/人・日	12〜30㎡
	防水下地	㎡/人・日	18〜40㎡
	タイル下地	㎡/人・日	14〜30㎡
幅木モルタル塗り		m/人・日	6〜20m
壁モルタル塗り	金ごて押さえ	㎡/人・日	5〜12㎡
	刷毛引き	㎡/人・日	6〜14㎡
	薄塗り塗装下地	㎡/人・日	7〜20㎡
壁タイル下地		㎡/人・日	6〜12㎡
壁打ち放し補修		㎡/人・日	12〜38㎡
壁吹き付けタイル下地補修		㎡/人・日	14〜45㎡
建具モルタルト口詰め		m/人・日	20〜38m

建具工事

作業名	仕様・規格	単位	標準歩掛かり
サッシ額縁取り付け		m/人・日	15〜28m
金属建具取り付け		㎡/人・日	5〜18㎡
金属カーテンウォール		㎡/組・日	10〜18㎡

塗装工事

作業名	仕様・規格	単位	標準歩掛かり
壁リシン吹き付け		㎡/人・日	40〜80㎡
壁マスチック仕上げ		㎡/人・日	26〜53㎡
壁吹き付けタイル		㎡/人・日	22〜44㎡
壁AEP塗り		㎡/人・日	18〜25㎡
床防塵塗料		㎡/人・日	28〜80㎡

雑工事

作業名	仕様・規格	単位	標準歩掛かり
床OAフロア取り付け	一般型	㎡/人・日	16〜30㎡
	成形加工型直置	㎡/人・日	30〜60㎡
床ネダフォーム敷き	和室用	㎡/人・日	15〜45㎡
耐火被覆吹き付け	湿式厚 30	㎡/台・日	90〜155㎡
	湿式厚 50	㎡/台・日	90〜130㎡
	ロックウール系厚 30	㎡/台・日	110〜180㎡
	ロックウール系厚 50	㎡/台・日	80〜150㎡

内装工事1

作業名	仕様・規格	単位	標準歩掛かり
床タイルカーペット張り		m²/人・日	36～48m²
床ビニールシート張り		m²/人・日	30～70m²
床プラスチック系タイル張り		m²/人・日	38～90m²
床ゴムタイル張り		m²/人・日	22～47m²
床ニードルパンチ	接着工法	m²/人・日	36～86m²
床カーペット敷き	グリッパー工法	m²/人・日	24～60m²
	接着工法	m²/人・日	35～80m²
幅木ソフト幅木		m/人・日	65～180m
壁プラスターボード張り	突き付け厚12	m²/人・日	30～60m²
	化粧厚12	m²/人・日	26～50m²
	GL工法厚12	m²/人・日	24～45m²
壁ケイ酸カルシウム板		m²/人・日	22～45m²
壁岩綿吸音板張り		m²/人・日	20～40m²
壁クロス張り	無地	m²/人・日	30～67m²
	柄物	m²/人・日	24～55m²
天井プラスターボード下地用張り	厚9～12	m²/人・日	30～60m²
天井プラスターボード	目透し	m²/人・日	23～45m²

内装工事2

作業名	仕様・規格	単位	標準歩掛かり
天井化粧プラスターボード		m²/人・日	25～55m²
天井岩綿吸音板		m²/人・日	20～45m²
天井フレキシブルボードまたは太平板		m²/人・日	17～35m²
天井ケイ酸カルシウム板		m²/人・日	20～42m²
天井クロス張り		m²/人・日	25～64m²

外構工事・その他工事

作業名	仕様・規格	単位	標準歩掛かり
桝据え付け	300角	箇所/日・組	3～6カ所
	450角	箇所/日・組	2～4カ所
	600角	箇所/日・組	1～2カ所
埋設管	φ100～200	m/日・組	5～8m
擁壁間知石積み		m²/日・組	8～13m²
鉄筋コンクリート擁壁	H＝2～3m	m/日・組	2～5m
鉄筋コンクリート塀	H＝1～2m	m/日・組	5～8m
縁石取り付け		m/日・組	30～80m
U字溝敷設		m/日・組	20～38m
アスファルト舗装工事	路床、路盤、表層工とも		
	機械施工	m²/日・組	150～250m²
	人力舗装	m²/日・組	20～45m²
土間コンクリート舗床工事		m²/日・組	160～240m²
タイル張り舗床工事		m²/日・組	16～30m²
石張り舗床工事	ひき石　t＝30	m²/日・組	12～18m²
外装クリーニング	タイル、ガラスとも　足場作業	m²/人・日	60～200m²
	タイル、ガラスとも　ゴンドラ作業	m²/人・台・日	40～150m²

第4章
工程管理のポイント②
行き方を変えよ

1 VE手法
2 工程のリスクアセスメント
3 現場改善ツール
4 オズボーンのチェックリスト
5 IT化の推進
6 サイクル工程表

第3章で工期短縮という観点で「旗を立てた」。第4章では、旗に向かって、どの道順で進むかを考える。工期短縮を達成するには、これまでとは全く異なる施工方法を導入することが必要だ。その方法について説明する。

1 VE手法

行き方を変える、すなわち施工方法を根本的に変える有効な手法として「VE（バリュー・エンジニアリング）」という手法がある。

これまで紹介してきた方法は、与えられた仕様を満たすことを前提に工期の短縮を図るものだ。この方法では工期を大幅に短縮することが困難だ。VEは、必要な機能を損なわずにコストを下げるやり方だ。

図面に描かれた内容は与えられた仕様だ。これに対して、必要な機能を漏れなく抽出し、それらの機能を満たすための最低限の仕様を考える。無駄な機能が付いている図面通りの仕様で造っていては、工期を短縮することはできない。

建築工事を設計・施工で受注した場合には、顧客が最も重視する機能に特化して、他の機能をそぎ落としたデザインを考えることで、顧客満足と大幅な工期短縮を実現できる。

表1. VEの概要

大項目	中項目	小項目	内容
戦略 (戦い方の概略を決める)	①仕様を決める	【設計VE】	必要な機能を満たすために最適な仕様を決める
	②施工方法を決める	【施工VE】	仕様を満たすために最適な施工方法の概略を決める

バリュー（価値）は以下の算式で表される。

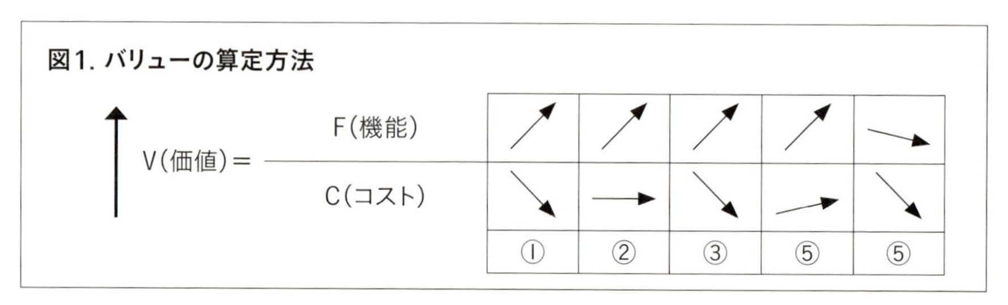

図1. バリューの算定方法

ここでは、この考え方に工期のファクター（要因）を導入し、以下の算式でバリュー（価値）を考える。

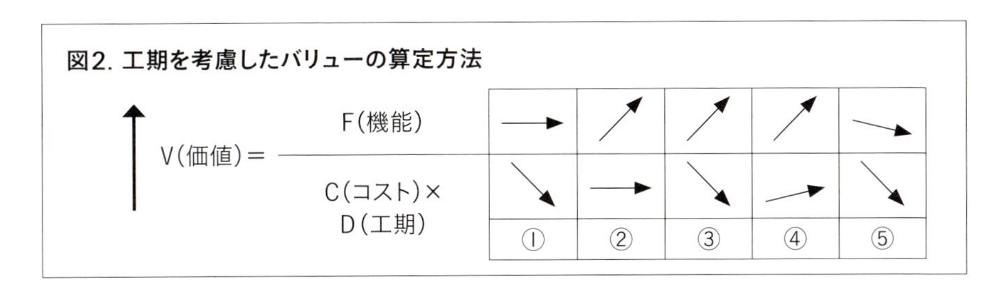

VEの着眼点

VE手法活用の着眼点を表2に示す。設計や施工の各段階でVE提案を考えることによって工期短縮が可能になる。

表2. VE手法活用の着眼点

	着眼点		機器製作	工事
設計	図面の全体または一部を省けないか？	機能が重複していないか？ 必要以上に長く(大きく)ないか？	不要な機能の省略(スイッチ、装置など)	容量の削減
設計	代替品や代用品はないか？	材質を違うもの(加工のしやすいものや安価なものなど)にできないか？ 定尺物や規格品を使えないか？	鉄のプラスチックへの見直し 規格品の使用	材料・種類の見直し
設計	形を変えられないか？	小さく、薄くしたらどうなるか？ 逆にしたらどうなるか？ 縦または横にしたらどうなるか？ 組み合わせてみたらどうなるか？	形状の見直し 機器の配置の見直し	施工手順の見直し
設計	新材料は使えないか？ 他と共用できないか？	新しい材料で使えるものはないか？ 新しい部品が売っていないか調べたか？	新材料や新素材の調査	新材料や新素材の調査 材料の共用
設計	市販品や標準品は使えないか？	同じようなものが市販されていないか？ 他工事に使ったものを調べたか？	既製品の使用 他工事の図面の活用	既製品の使用 他工事の図面の活用
施工	不要な作業はないか？	一部の作業をやらなくても機能上問題ないのではないか？ より効率的な作業方法はないか？	作業手順の見直し 検査方法の見直し	作業手順の見直し 検査方法の見直し
施工	工程数を少なくできないか？ 作業を複合することはできないか？	ユニット化できないか？ 材料を変えてみたらどうなるか？	小割りしたユニットの組み立て	足場の省略 工場製作ユニットの増加
施工	新工法はないか？	新しい工法を調べてトライしたか？	NETISなど新技術の調査	NETISなど新技術の調査

VE手法活用による工期短縮事例

実際にVE手法を活用して工期を短縮する事例を紹介しよう。

■事例1:

以下のネットフェンス工事で、機能を分析してVE提案を出す。

■顧客の要望

①隣地からの侵入・盗難を防ぎたい、②周囲が緑地なので周辺と調和する景観にしたい、③駐車場水返しH=200、④耐用年数10年、⑤緑地帯の幅5m以上

表3. 当初原価と工期

	原価(延長1580m)	工期(1パーティー当たり)
① ネットフェンス	6100円/m	1580m÷30m/日=53日
② フーチング	9600円/m(土工事2300円/m含む)	1580m÷10m/日=158日
③ 立ち上がり	9300円/m	1580m÷10m/日=158日
④ 基礎	1060円/m	1580m÷100m/日=16日
⑤ 縁石(H=240)	4000円/m	1580m÷100m/日=16日
⑥ 植栽(低木、客土)	1万200円/m	1580m÷50m/日=32日
合計	4万260円/m	433日

事例1は、ネットフェンス工事。

図3は当初設計図、表3は当初原価と当初工期。それを基にVE提案を検討したものが表4。

表4では左側に要素ごとの当初仕様、施工方法、機能、コスト、工期を記載する。その際、当初の機能F100、コストC10、工期D10とする。

右側には、VE提案の仕様、施工方法、機能、コスト、工期を記載。さらにVE提案後の機能F、コストC、工期D、F/CDを算出した。

F/CDの数値が当初の100/(10×10)=1より大きくなると、価値が高まっていると判断できる。

この事例ではF/CDの値が、①ネットフェンス1.2、②フーチング+③立ち上がり8.3、④基礎3.3、⑤縁石2.0、⑥植栽1.25となっていることから、いずれも価値が高くなったと言える。

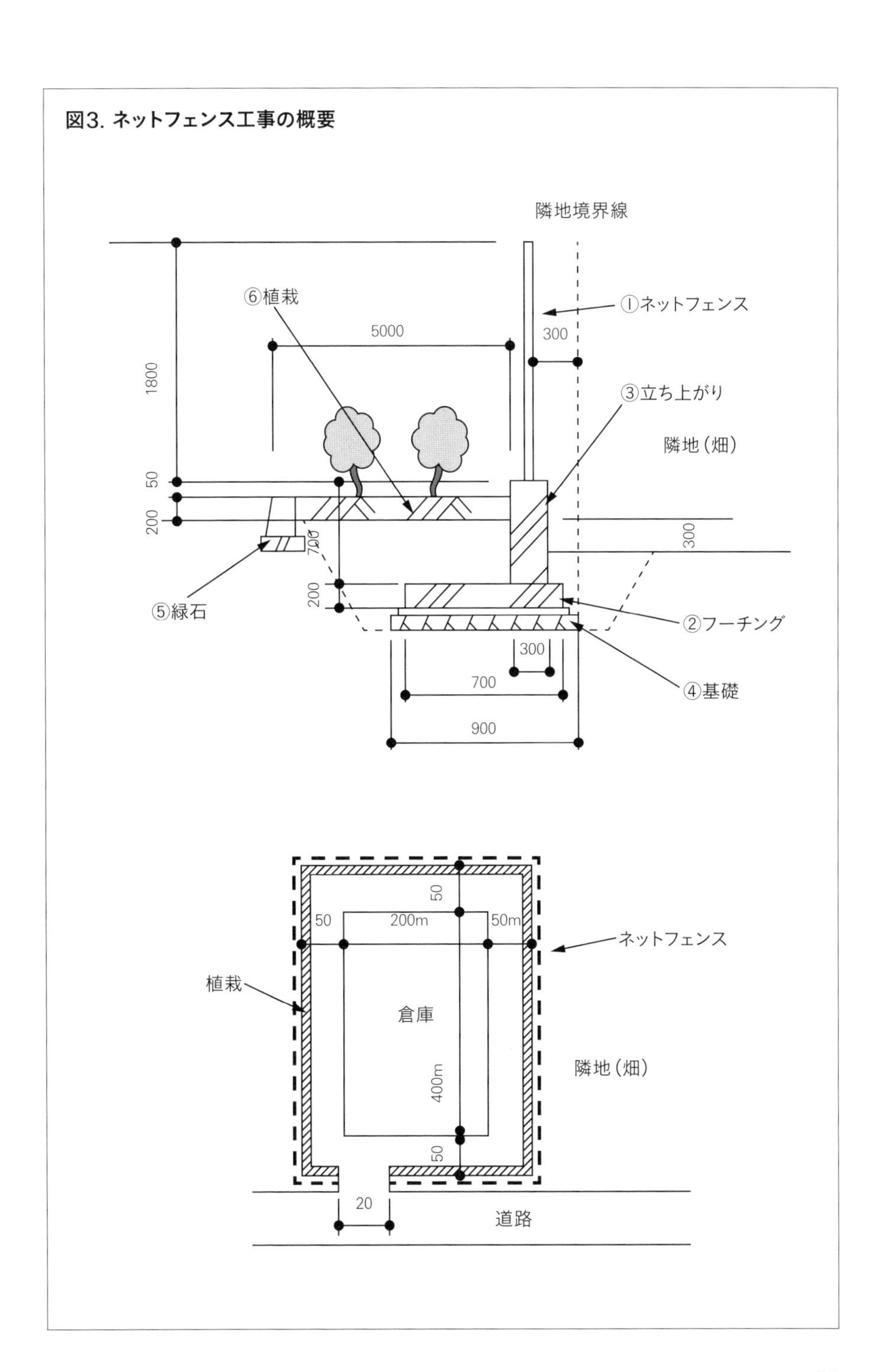
図3. ネットフェンス工事の概要
隣地境界線
①ネットフェンス
⑥植栽
5000
300
1800
③立ち上がり
隣地（畑）
50
200
700
300
⑤緑石
200
②フーチング
300
④基礎
700
900
50
50
200m
50m
ネットフェンス
植栽
倉庫
隣地（畑）
400m
50
20
道路

表4. VE提案の検討

当初(機能100、コスト10、工期10とする)						
仕様	施工方法	機能	コスト	工期	仕様	
①ネットフェンス	設置	侵入しにくくする	6100円/m	1580m ÷ 30m/日=53日	生垣を植える	
②フーチング	現場打ち	荷重を支える	9600円/m	1580m ÷ 10m/日=158日	プレキャストL形擁壁	
③立ち上がり	現場打ち	土留め フェンスを支える	9300円/m	1580m ÷ 10m/日=158日		
④基礎:40-0粒調砕石	敷きならし、転圧	不等沈下防止	1060円/m	1580m ÷ 100m/日=16日	再生砕石RC-40	
⑤縁石:コンクリート製	据え付け	境界の明示	4000円/m	1580m ÷ 100m/日=16日	軽量コンクリート製	
⑥植栽:低木@5m	植栽	景観	1万200 円/m	1580m ÷ 50m/日=32日	芝生	
合計			4万260円/m	433日		

■事例2

以下の側溝工事で、機能を分析してVE提案を出す。

■顧客の要望

・設計降水量:20mm/時間　・建屋からの雨水は別途処理とする

・維持管理がしやすい　・公道下の雨水本管への流末処理は別途工事

・工法の指定なし　・地盤は2mほど砂質土層

事例2は側溝工事。

図4は当初設計図、表5は当初原価と当初工期。それを基にVE提案を検討したものが表6。

この事例ではF/CDの値が、①側溝躯体+②側溝蓋5.3、③車止め1.0、④縁石1.4、⑤歩道1.2、⑥アスファルト舗装1.0となっており、価値が高くなったと言える。

VE提案					機能F	コスト C	工期D	F/CD
	施工方法	機能	コスト	工期				
	植栽	侵入しにくくする 美観が良い	3000円/m＋維持費用300円/m×10年	1580m ÷ 30m/日＝53日	120	10	10	1.2
	L形擁壁を工場生産し、現場に据え付ける	荷重を支える 土留め フェンスを支える	1万2000円/m	1580m ÷ 30m/日＝53日	100	6	2	8.3
	敷きならし、転圧	不等沈下防止	300円/m	1580m ÷ 100m/日＝16日	100	3	10	3.3
	据え付け	境界の明示	2000円/m	1580m ÷ 100m/日＝16日	100	5	10	2.0
	植栽	景観	1万200円/m	1580m ÷ 60m/日＝26日	100	10	8	1.25
			3万5000円/m	164日				

表5. 当初原価と工期

	原価	工期
①側溝	2万1500円/m×300m＝645万円 (掘削埋め戻し6300円/m、 基礎1700円/m含む)	300m÷10m＝30日
②側溝蓋	4500円/m×300m＝135万円	300m÷100m＝3日
③車止め	7500円/台×250台＝ 187万5000円	250台÷20台＝13日
④縁石	6000円/m×300m＝180万円	300m÷100m＝3日
⑤歩道 (舗装＋カラーペイント)	3000円/m²×900m²＝270万円	路盤900m²÷200m²/日≒5日、 表層900m²÷1000m²/日≒1日、 ペイント2日、計8日
⑥アスファルト舗装	2800円/m²×6750m²＝ 1890万円(白線工面積換算400円/m²含む)	路盤6750m²÷700m²/日≒10日、 表層6750m²÷2000m²/日≒4日 計14日
	合計工事費:3307万5000円	合計71日

図4. 側溝工事の概要

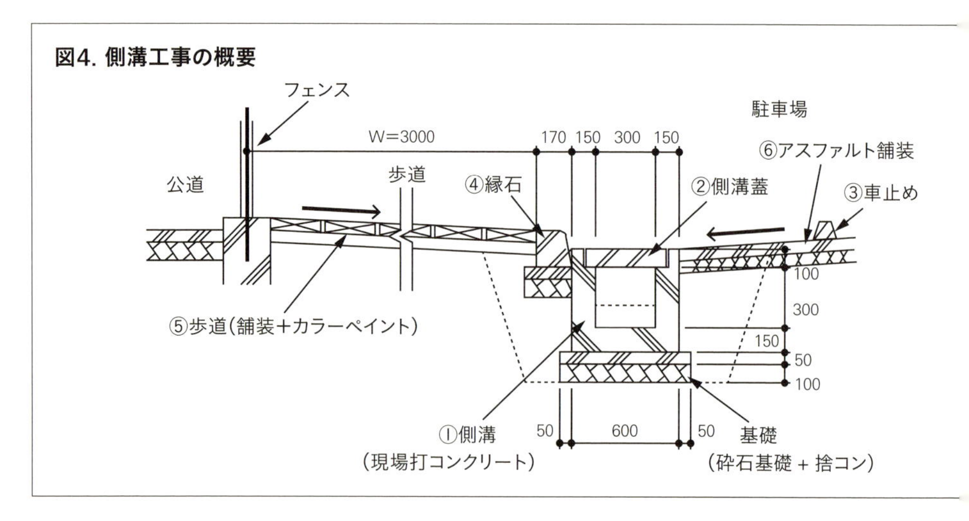

表6. VE提案の検討

当初(機能100、コスト10、工期10とする)						
仕様	**施工方法**	**機能**	**コスト**	**工期**	**仕様**	
①側溝:現場打ちコンクリート	現場打ち	排水	2万1500円/m×300m=645万円(掘削埋め戻し6300円/m、基礎 1700円/m含む)	300m÷10m=30日	プレキャストL形側溝	
②側溝蓋:コンクリート製	プレキャスト製品、据え付け	落下や異物混入の防止	4500円/m×300m=135万円	300m÷100m=3日	なし	
③車止め:コンクリート製	プレキャスト製品、据え付け	車同士の衝突防止	7500円/台×250台=187万5000円	250台÷20台≒13日	コンクリート製	
④縁石:コンクリート製	プレキャスト製品、据え付け	歩車境界明示	6000円/m×300m=180万円	300m÷100m=3日	軽量コンクリート製	
⑤歩道:舗装+カラーペイント	舗設	歩道の明示	3000円/m²×900m²=270万円	路盤900m²÷200m²/日≒5日、表層900m²÷1000m²/日≒1日 、ペイント2日、計8日	歩道:カラー舗装	
⑥アスファルト舗装	舗設	粉塵の防止、雨水の流下	2800円/m²×6750m²=1890万円 (白線工面積換算400円/m²含む)	路盤6750m²÷700m²/日=10日、表層6750m²÷2000m²/日≒4日、計14日	透水性アスファルト舗装	
合計			3307万5000円	71日		

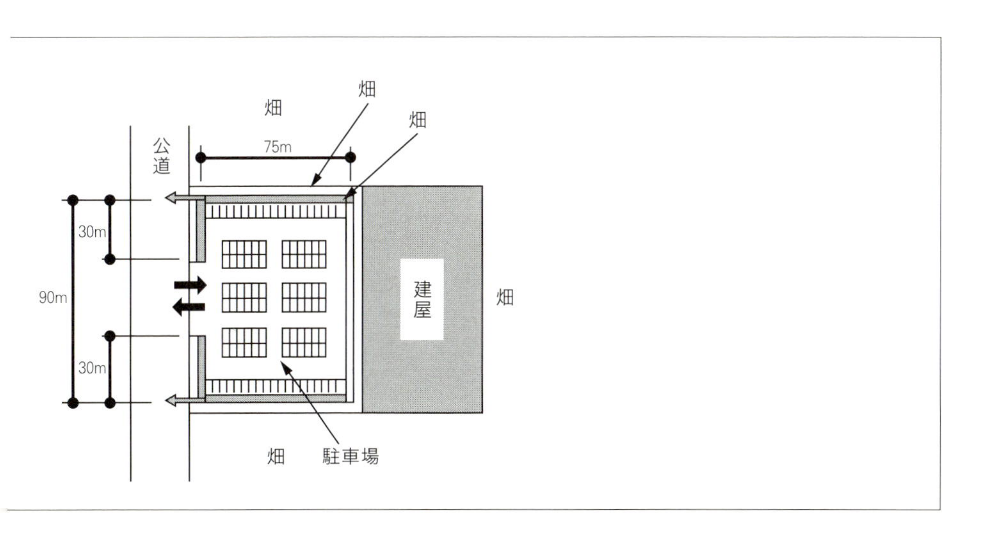

VE提案					機能F	コストC	工期D	F/CD
	施工方法	機能	コスト	工期				
	据え付け	排水(排水能力減少)	1万2000円/m×300m=360万円	300m÷30m=10日	80	5	3	5.3
	プレキャスト製品、据え付け	車同士の衝突防止	7500円/台×250台=187万5000円	250台÷20台≒13日	100	10	10	1.0
	据え付け	境界の明示	4000円/m×300m=120万円	300m÷100m=3日	100	7	10	1.4
	舗設	歩道の明示	3600円/㎡×900㎡=324万円	路盤900㎡÷200㎡/日≒5日、表層900㎡÷1000㎡/日≒1日、計6日	100	12	7	1.2
	舗設	粉塵の防止、雨水の浸透(表面排水量減少)	3200円/㎡×6750㎡=2160万円(白線工面積換算400円/㎡含む)	路盤6750㎡÷700㎡/日=10日、表層6750㎡/2000㎡/日≒4日、計14日	110	11	10	1.0
			3151万5000円	46日				

2 工程のリスクアセスメント

(1)「リスクマネジメント」と「危機管理」

最初に、「危機管理」と「リスクマネジメント」の違いを説明しよう。

「危機管理」は、既に起こった事故や事件に対して、そこから受けるダメージをなるべく減らそうとする考え方だ。大災害や大事故の直後に国や自治体が設置する組織や体制が「危機管理室」や「危機管理体制」などと呼ばれるのは、そのためだ。

これに対して、「リスクマネジメント」は、これから起こるかもしれない危険に事前に対応しておくための行動だ。

例えば、外出するときに雨が降っても濡れないようにするために、折り畳みの傘を用意しておくのはリスクマネジメントだ。これに対して、あらかじめ雨が降ることを想定して、コンビニエンスストアなど雨宿りの場所を事前に調べておくことを危機管理だ。

危機管理もリスクマネジメントの一手法と言える。

(2) ハザードやリスクから損失に至るメカニズム

リスクを見極めるには、リスクの背後にある「ハザード」を知らなくてはならない。「ハザード」は、リスクを生み出す環境であり、リスクの要因や原因でもある。

ハザードから損失に至るフロー
ハザード（原因）→リスク（損失の可能性）
→アクシデント（事件や事故）→ダメージ（損失）

例えば、打ち合わせのために顧客の会社まで車で移動するとしよう。移動中に道路が渋滞する可能性がある。この場合、渋滞箇所がハザードに当たる。

もちろん、渋滞箇所を前もって分かっていれば、その場所を避けて移動すればよい。ハザードが分かれば、リスクを管理できる。

もし渋滞箇所に気付かずに車を走らせたら、どうなるか。

渋滞に巻き込まれるというリスクに直面し、打ち合わせに遅れるという危機「アクシデント」を迎え、受注減という損失「ダメージ」を被ってしまう。

つまり、ハザードが見えない場合、それだけ損失を被るリスクが高くなり、ダメージを受ける可能性が大きくなるわけだ。

では、ハザードからリスクが生じるメカニズムはどのようになっているのか。分かりやすいのが、有名な「ハインリッヒの法則」だ。

<ハインリッヒの法則>

1件＝重大な事件・事故(アクシデント)

29件＝軽微な事件・事故(アクシデント)

300件＝ヒヤリハット(インシデント)

数千＝リスクに至らないハザード

ハインリッヒの法則によると、1件の重大な事件・事故「アクシデント」の背景には29件の軽微な事件・事故「アクシデント」があり、事件・事故「アクシデント」には至らないものの、ヒヤリハット「インシデント」事象が300件ある。そして、そのヒヤリハットというミスにつながる環境や要因、原因に当たるのが数千というハザードだ。

(3)ハザードを把握する

ハザードには、大きく分けて2つの種類がある。「マクロハザード」と「ミクロハザード」だ。

マクロハザードは、企業や個人ではコントロールできないハザードのことだ。その種類と具体的な事例を挙げてみよう。

・政治的ハザード……政権交代による公共工事費カット

・法的ハザード………環境規制による使用資材の変更

・経済的ハザード……為替の変動による資材輸入の停止
・環境的ハザード……環境保護団体による工事中止の要請
・自然的ハザード……地震や水害による工事中止
・宗教的ハザード……宗派の違いによるトラブル
・文化的ハザード……文化の違い
・社会的ハザード……ハラスメント
・技術的ハザード……コンピューターの発達、IT技術の進歩

マクロハザード自体をコントロールすることはできないが、対策を立てることはできる。未来を予測してシミュレーションすればよい。

これに対して、ミクロハザードは現場単位でコントロールできる。例えば、次のようなものだ。

・物理的ハザード……物理的条件に基づくもの
・モラール（士気）ハザード……人の意欲喪失や不注意に基づくもの
・モラル（道徳的）ハザード……人の故意や悪意に基づくもの

物理的ハザードは、岩盤が硬くて掘削に時間がかかる場合の「硬い岩盤」だ。この問題は、掘削機械を変えたり、発破工法に変更したりすれば解消できる。

モラールハザードは、不注意で図面をしっかり確認しなかったために、手戻り作業が発生して工程が遅れているような状態だ。この問題は、教育や指導の強化、管理の徹底などで解消できる。

モラルハザードは、作業を急ぐあまり降雨時にコンクリートを打設したために、硬化後の強度試験で必要な強度が出ずに再施工を余儀なくされるような場合だ。

実際の現場では、マクロハザードやミクロハザードが複雑に絡み合っていることがあり、それがときに大きな損失をもたらしてしまうこともある。

リスクを見つけ出し、これを除去したり低減したりすることを「リスクアセスメント」という。

以下、リスクアセスメントのやり方を説明する。

まずは、工期遅延につながるリスクを抽出する。

【STEP1】工程を記載する

注意事項
・工程ごとに漏れなく抽出する
・場所ごとに漏れなく抽出する

建設工事は、同じ場所でも工程ごとに現場の状況が異なる。そのため、準備工や仮設道路設置工、仮設備工、安全設備工、足場工、型枠工、電気工事工など、工種ごとにリスクを抽出する。

また工程が同じでも、場所が異なると現場の状況も変わる。そのため、建物ではA棟とB棟、コンクリートではスラブと壁、ハンチといった具合に、場所ごとにリスクを抽出する。

工程と場所ごとに、リスクを明確にして記載しておこう。

【STEP2】現場の状況や図面の特徴を把握する

注意事項
・現場状況を漏れなく記載する
・図面の特徴を漏れなく記載する
・定量化する
・現場の状況や図面の特徴は与条件であり、自力で変えることはできない

次に、工程に応じて、現場の状況を漏れなく記載する。例えば、周辺道路の交通量のほか、近隣の学校や病院、精密機械工場などの有無、地形や気候など、しっかり調査して記載する。

続けて、壁厚やスラブ厚、ハンチの有無、開口部など図面の特徴を記載する。

さらに、それらを「定量化」して記載することが重要だ。

例えば交通量について、単に「交通量が多い」だけでは不十分で、「午前8時から10時までの交通量は1時間当たり1500台」とする。壁厚に関しても「壁厚は2100mm」というように具体的な数値を記載する。

これらの内容は発注者から与えられた条件であり、変えることはできない。建設工事は「一品生産」であり、製造業のように何千・何万単位で大量生産するわけにはいかない。現場ごとに条件が異なる。だからこそ、現場の状況や図面の特徴をしっかり踏まえた計画を立てなければならない。

では、それらをどのように表に記載すればよいか。例を挙げて説明しよう。

ここまでの内容を表1の縦軸の「工程」にできるだけ細かく記載する。横軸には、縦軸の工程ごとに「リスク」を記載する。

■工期遅延の要因

内部要因：人手不足、能力不足、段取りミス

外部要因：発注者、協力会社、近隣住民、天候、現地条件

表1.【土木】砂防ダム工事

工程	工程リスク（発生が予想される問題）	
	内部要因	外部要因
準備工	申請作業の遅れ ガードマンの不足	地元住民の反対
掘削	施工計画の遅れ	岩盤の露出 転石の存在
床付け	床付け作業員の不足	地下水の流出
足場組み立て	仮設備（クレーン）の能力過小 とび職の不足	強風
型枠組み立て	仮設備（クレーン）の能力過小 大工の不足	強風
鉄筋組み立て	仮設備（クレーン）の能力過小 材料の手配の遅れ	
コンクリート打設	型枠はらみによるはつり	降雨
レイタンス除去	除去タイミングの遅れ	高温による取り遅れ
養生		天候による養生期間の延長
型枠解体	大工の不足	天候による養生期間の延長

■リスク：原因と問題点を明確にする

リスクを抽出したら、次のステップは発生原因（ハザード）の追究だ。

例えば、現場の近くに学校があると騒音が問題になるが、騒音の原因は何か。同じく精密機械工場があると振動が問題になるが、振動の原因は何か。あるいは、建物の壁厚が大きいと内部と外部の温度差によるクラックが生じるが、クラックの原因は何か――。このように、それぞれの問題に対して原因を考えていくとよい。

・現場の状況や図面の特徴を踏まえて、発生が予想される問題を記載する
・その問題が発生する原因を記載する
・原因は「標準的な施工方法」か、「建設技術」のいずれかであることが多い

先ほど紹介した表に当てはめると、表3のようになる。ただし前述した通り、各問題に対して定量化した原因で分析しなければならない。

表2.【建築】学校新築工事

工程	発生が予想される問題	
	内部要因	外部要因
準備工		地元住民の反対
基礎杭打設	杭材料の手配の遅れ	硬い地盤、転石の存在
杭頭処理	はつり量が多い	
掘削	重機の能力過小	地下水の流入
土留め		土留めの変位
型枠	仮設備(クレーン)の能力過小 とび職の不足	強風
鉄筋	仮設備(クレーン)の能力過小 大工の不足	
コンクリート	仮設備(クレーン)の能力過小	降雨
鉄骨組み立て	とび職不足、鋼材の購入の遅れ	強風 納品の遅れ
電気設備工事	空調衛生工事との錯綜、電工の不足	

表3. リスクの原因と問題点

工程・場所		リスク		
項目	内容	現場状況・図面の特徴	原因（施工方法、技術）	発生が予想される問題
本体工	掘削	C級岩盤の露出	アイオンの未手配	掘削不能
躯体工	型枠	曲線面の存在	基幹技能者（型枠工）の不足	作業効率50%

■リスク：重要性を評価する

次に、抽出した問題点のなかからリスクとして挙げるべきものを評価して選定する。そのために、問題点を定量的に評価する。もしそのなかに定量化できないリスクがあったら、それは不適切なものか、きちんと定量化されていないものであるはずだ。その場合は、重要性を再検討しておこう。

注意事項

・リスクの評価を定量化する
・定量化できないリスクは、選定が不適切な可能性がある
・たくさん挙げたリスクを絞り込むには、「結果の重大性」と「発生の可能性」を考慮して、「リスクの重要性」を判定しなければならない

リスクを絞り込むには2つのポイントがある。1つは「結果の重大性」。それによって、どの程度のリスクが生じるかという問題だ。もう1つは「発生の可能性」。これはどの程度の頻度で発生するかという問題だ。

結果の重大性とは、そのリスクが影響を及ぼす結果やその重大性の程度をいう。例えば、3段階で評価して点数を付けると、表4のようになる。

表4. 結果の重大性の評価

結果の重大性	工程
1点	数日程度遅延
2点	1週間程度遅延（挽回可能）
3点	1カ月以上遅延（挽回不可能）

発生の可能性は、そのリスクが影響を及ぼす可能性や頻度を示し、同様に表5のように点数を付けて評価する。

表5. 発生の可能性の評価

発生の可能性	工程
1点	発生するが、可能性は低い（例えば毎年1回程度）
2点	必ず発生する（例えば毎月1回程度）
3点	頻繁に発生する（例えば毎週・毎日1回程度）

それでは、この2つの要素を組み合わせて、総合的な評価をしてみよう。

組み合わせるには、加算法（合計する）と積算法（掛け合わせる）がある。ここでは積算法で数値を求める。

例えば、

・結果の重大性：1点、発生の可能性：3点→重要性：1×3＝3点

・結果の重大性：2点、発生の可能性：2点→重要性：2×2＝4点

このように、数値で表したリスクの重要性を判断基準にして、どのリスクの対策を立てるかを決めていく。

得点の付け方を表6に示す。

表6. リスクの重要性

事例	結果の重大性	発生の可能性	リスクの重要性
工事錯綜による工期遅延	2点	3点	6点
自然災害による工期遅延	3点	1点	3点

■提案：対策を定量的に定める

ここまでの過程で重要なリスクが抽出できたはずだ。続いては、リスクに基づいた提案内容を立案する。

注意事項

・定量化の方法

①規模、容量、能力の数値化

②固有名詞の使用

③標準案との差を明確にする

表7. 工程リスク評価表

工程・場所		リスク評価		
項目	内容	現場状況・図面の特徴（定量化のこと）	原因（施工方法、技術）	発生が予想される問題
砂防ダム工事	準備工	岩盤強度C級 表面風化している 国立公園に隣接 地下水位TP-8 搬出路が市街地 仮設ヤード200㎡ 施工時期12～2月	詳細設計決定の遅れ	申請作業の遅れ
			施主による地元対応の遅れ	地元住民の反対
	掘削		C級岩盤の存在	C級岩盤を破砕できず効率が落ちる
			転石の存在	破砕手間
	床付け		地下水位の地盤調査との差異	地下水の流出
	足場組み立て		作業ヤードの不足	仮設備（クレーン）の能力過小
			強風	壁つなぎ箇所の増加
			近隣にて大規模工事施工	とび職の不足
	型枠組み立て		作業ヤードの不足	仮設備（クレーン）の能力過小
			近隣にて大規模工事施工	大工の不足
	鉄筋組み立て		作業ヤードの不足	仮設備（クレーン）の能力過小
			躯体設計の変更	材料手配遅れ
	コンクリート打設		降雨	打設日の延期
			コンクリートスランプが大きい	型枠はらみによるはつり
	レイタンス除去		除去エリアが広大なため	レンタンスの取り遅れ
	養生		低温のため	養生期間の延長
	型枠解体		低温のため	養生期間の延長

リスクと同様、提案内容もより具体化していく必要がある。規模や容量、能力を数値化することで、具体的な提案が可能になる。固有名詞を使う方がよい場合もあるだろう。また、標準案と何が違うのかを説明することも重要だ。

リスクに対する対策立案事例を表7に示す。

			対策立案（③リスクの重要性6点以上）	
①結果の重大性（3,2,1）	②発生の可能性（3,2,1）	③リスクの重要性①×②	対策	期待効果
2	2	4		
3	3	9	地元の有力者（町内会長、自治会長）へ週1回訪問する	有力者から地元住民を説得してもらえる
3	2	6	静的破砕材（●●）を用意しておき、夜間に薬液注入しておき破砕する	50cm角程度に個割りすることができる
3	3	9	セリ矢を用意しておき、ただちに破砕する	50cm角程度に個割りすることができる
2	2	4		
1	2	2		
1	2	2		
1	2	2		
1	2	2		
2	3	6	●●地域から大工を手配する	必要人員の確保
1	2	2		
2	3	6	1カ月前に購買予約をする	必要数量の確保
3	1	3		
3	1	3		
2	1	2		
1	1	1		
1	1	1		

3 現場改善ツール

現場改善ツールによる工期短縮策について考えてみよう。

「ムダのない筋肉質」という意味で、「リーンコンストラクション」とも呼ばれる

表1. 現場改善ツール

ツール名		ツールの説明
5S		整理、整頓、清掃、清潔、しつけをいう。現場では最初の3Sが重要
かんばん		「かんばん」の本来の意味は、材料の引き取り情報や運搬・施工の指示情報が書かれた紙。その要点は、①指示情報などを簡単に伝える、②後工程から前工程に指示を出す、など
工程管理板		工程計画は、CPM(クリティカルパス法)などを含む合理的な手法で作成する。計画と実績を工程管理板で比較し、計画に遅れれば問題と認識する
変動費の予算管理		施工の増減に連動する工数や材料などを予算管理する。一定期間の材料の使用量を把握し、施工量との比率を出す
ジャスト・イン・タイム		必要な品物を、必要なときに、必要な量だけ手に入れることができれば、生産効率を向上させることができる。ただし、土木の場合は通常、外部要因が大きいので、最小限の在庫が必要
省人化と少人化		現場で工夫して作業を改善したり、機械を導入したりすることで省力化する。減らした人数を必要な部署に回す
ムダを認識し撲滅する		生産現場のムダは下記のように分類される。①つくりすぎのムダ、②手持ちのムダ、③運搬のムダ、④加工そのもののムダ、⑤在庫のムダ、⑥動作のムダ、⑦不良品をつくるムダ
標準作業の徹底		簡潔に明確につくり上げた各工程の標準化した作業をいう。建設の場合は、作業がサイクルになるトンネル工事などに適用しやすい
多工程持ち		1人の作業員が多数の工程を担当する。施工の流れをつくるために重要で、「省人化」に直結する。現場の作業員にとっては、「単能工」から「多能工」へと進むことになる
生産の平準化		現場で施工量がばらつくほどムダは多くなる。公共工事では受注によって施工量が決まる。受注自体の年間の平準化が必要
作業改善と設備改善		「設備改善」はお金がかかるし、やり直しが効かない。事前に作業のルールを改善する「作業改善」を図る
IT	情報化施工	情報化施工は、トータルステーションやGPS(全地球測位システム)などの電子情報を施工に直接活用して、高効率・高精度な施工を実現する
	CIM	CIMは「Construction Information Modeling」の略。ICTツールと3次元データモデルを導入・活用して、建設事業全体の生産性向上を図る
	ICT	ICTは「Information and Communication Technology」の略。タブレット端末などネットワーク通信による情報や知識を共有して、生産性の向上を図る
プレキャスト工法・工場製作の活用		プレキャスト工法は、工場で事前に部材を作成する工法。利点として、現場の天候などに左右されずに納品できること、現場の作業が削減されて工期短縮ができることなどがある
新技術の活用・開発		国土交通省は民間で開発した新技術をデータベース化し、公開している。これ以外にも多くの新技術があり、現場条件に合わせてうまく活用することが重要
VE		VEは「Value Engineering」の略。製品などの「価値」を、それが果たすべき「機能」とその「コスト」との関係で考える。「価値」の向上を図る
その他		その他、現場の創意工夫で品質と生産性などの向上を追求する

手法だ。トヨタ式生産管理の手法を建設業に活用して生産性を上げようとする狙いがある。

表1の適用性欄に、品質と安全、工程、原価のそれぞれについて、効果が高い順に◎、○、△印を付ける。つまり、工期短縮のためには、工程欄に◎が付いたツールを活用するのがよいということだ。

	適用性			
	品質	安全	工程	原価
	○	◎	◎	◎
	○	—	◎	◎
	—	△	◎	○
	○	—	○	◎
	—	—	◎	◎
	—	—	○	◎
	○	—	○	◎
	—	—	◎	○
	—	—	◎	◎
	○	—	◎	—
	△	△	○	◎
	○	△	○	△
	○	△	○	△
	○	△	○	△
	○	△	○	—
	○	○	○	○
	○	○	○	○
	○	○	○	○

4 オズボーンのチェックリスト

既存技術を組み合わせて、工期短縮を図るためのツールに、「オズボーンのチェックリスト」がある。

ブレーンストーミングで知られるアレックス・F・オズボーンが考案した発想法で、あらかじめ準備したチェックリストに答えるだけでアイデアが生まれるという。

具体的には、あらかじめ決めたテーマや対象について、チェックリストの項目ごとにアイデアを出していく。今あるものを改善・改良したり、応用・転用したりするための発想スキルで、問題解決型アプローチと言える。

オズボーンのチェックリストとは、①転用、②応用、③変更、④拡大、⑤縮小、⑥代用、⑦再配列、⑧逆転、⑨結合、の9項目からなる。

表1. オズボーンのチェックリスト

項目	意味
①転用	新しい使い道は？ 他分野に適用できないか？
②応用	似たものはないか？ 何かの真似はできないか？
③変更	意味、色、働き、音、臭い、様式、型を変えられないか？
④拡大	より大きく、強く、高く、長く、厚くできないか？ 時間や頻度など変えられないか？
⑤縮小	より小さく、軽く、弱く、短くできないか？ 省略や分割ができないか？ 何か減らすことができないか？
⑥代用	人、物、材料、素材、製法、動力、場所を代用できないか？
⑦再配列	要素、型、配置、順序、因果、ペースを変えたりできないか？
⑧逆転	反転、前後転、左右転、上下転、順番転、役割などを転換してみてどうか？
⑨結合	合体したら？ ブレンドしたら？ ユニットや目的を組み合わせたら？

オズボーンのチェックリストを用いると、次のような形で工期短縮のアイデアを思い付くだろう。

表2. チェックリストを用いたアイデア

項目	工期短縮のための創意工夫
①転用	「サイクル工程」で同じ作業を繰り返し実施することで、型枠転用による型枠組み手間の短縮、作業員の慣れによる工期短縮を図る
②応用	トヨタ生産方式「かんばん」を建設業に応用することで、材料の引き取り手間、手待ち、手戻りをなくし、工期を短縮する
③変更	現場打ちコンクリート側溝をプレキャスト側溝に変更することで、現場作業時間を短縮する
④拡大	仮設足場面積を広げることで、大型クレーンを導入してブームの旋回数を減らし、工期を短縮する
⑤縮小	足場設置箇所を縮小し、高所作業車を使用することで、足場組み立て・解体期間を短縮する
⑥代用	コンクリート製を軽量コンクリートや強化プラスチック製に代用することで、運搬時間を短縮する
⑦再配列	異常気象や洪水の影響を減らすため、工程を入れ替えて、河床部分を先行して施工し、工期遅延を抑制する
⑧逆転	斜坑の掘削順序を通常の上部から下部に逆転させることで、掘削土砂を自由落下させて、土砂搬出工期を短縮する
⑨結合	サニーホースとコンクリートポンプ車用ソケットを合体して、コンクートト打設箇所に事前配置することで、ブームの盛り替え時間を短縮する

5 IT化の推進

(1) ICTとは

コンピューターや通信技術などの情報化分野で急速な技術革新が進んでいる。

建設業界でも、情報通信技術（ICT 、Information and Communication Technology)を活用した合理的な生産システムの導入・普及が進んでいる。

国土交通省はこうした状況を踏まえ、多様な情報を効率的に活用して施工の合理化を図る生産システム（情報化施工）の普及を促進している。

建設分野のICT活用事例として、土木分野のCIM（コンストラクション・インフォメーション・モデリング）、建築分野のBIM（ビルディング・インフォメーション・モデリング）、そして国土交通省が提唱している「i-Construction」がある。

①土木分野のCIM

CIMは、調査・設計段階から3次元モデルを導入して、施工と維持管理を効率化する。最新のICT 技術を活用して、計画、設計、施工、管理の各段階で情報を共有して生産性の向上を図る。

CIMの効果として、ミスや手戻りの大幅な減少、単純作業の軽減、工程短縮など事業効率の向上のほか、より良いインフラの整備や維持管理を通じた国民生活の向上、モチベーションや充実感のアップによる建設業従事者の心の豊かさの向上なども期待できる。

②建築分野のBIM

BIM とは、コンピューター上に作成した3次元の建物モデルに、コストや仕上げ、管理情報などの属性データを追加したデータベースのことだ。　建築の設計・施工から維持管理に至る全工程で情報を活用できる。

建築分野ではBIMの「見える化」が進められている。BIMの目的は、部材の干渉チェックを生かし、施主の意思決定を助け、意匠と構造と設備の各設計に整合性をもたせることで、手戻り工事を防ぐことにある。

③i-Construction

国土交通省は、建設現場の生産性向上を図るため、測量・設計から施工、維持管理に至る全プロセスで 情報化を前提とした新基準「i-Construction」を推進している。

(2) ICTを活用した省力化工法・情報化施工の実践事例

①測量への活用による施工管理の効率化

起工時や施工中の測量に、ドローン(UAV=Unmanned aerial vehicle、小型無人航空機)やデジタルカメラ、3D(3次元)スキャナーを活用する方法だ。

測量にICTを活用することで、地上の光波測量より作業時間を短縮できる。測量技術の進歩に伴い、施工前後の地形の比較も容易になった。土の切り盛り量を算出すれば、施工管理の手間も大幅に軽減できる。

測量では一般にデジタルカメラを使うことが多いが、3Dスキャナーを使う方法もある。3Dスキャナーを使えば、樹木に覆われた地形を測量できる。3Dスキャナーを自動車に取り付けて地形測量するMMS(モバイルマッピングシステム)も活用されている。(図1)

また、無人動態観測システムによって、現場測量のほか、土工事の進捗管理測量や出来高管理測量の作業時間も削減できるので、工期の短縮を図ることができる。

図1. MMSによる測量

(資料:安藤ハザマ、朝日航洋)

②情報化施工への活用による施工の簡素化と品質の向上

測量で得た地形データと設計データを建設機械に転送することで、建設機械が地形と設計との差を把握し、自動で掘削作業を進める。(図2)

建設機械の運転席の画面に地形図と設計図が現れ、それを見ながら手動で掘削作業をするのがMG(マシンガイダンス)で、建設機械が設計図に基づいて自動で掘削するのがMC(マシンコントロール)だ。(写真1)

MGやMCを活用することで次のメリットがある。

・掘削精度が向上する
・測量の手待ちがなくなり、工期が短縮する
・未熟な建設機械オペレーターでも効率よく作業できる
・細部調整のための建設機械付近での人力掘削が減り、安全性が向上する

MGやMCは道路盛り土工事や河川土工事などで導入されている。

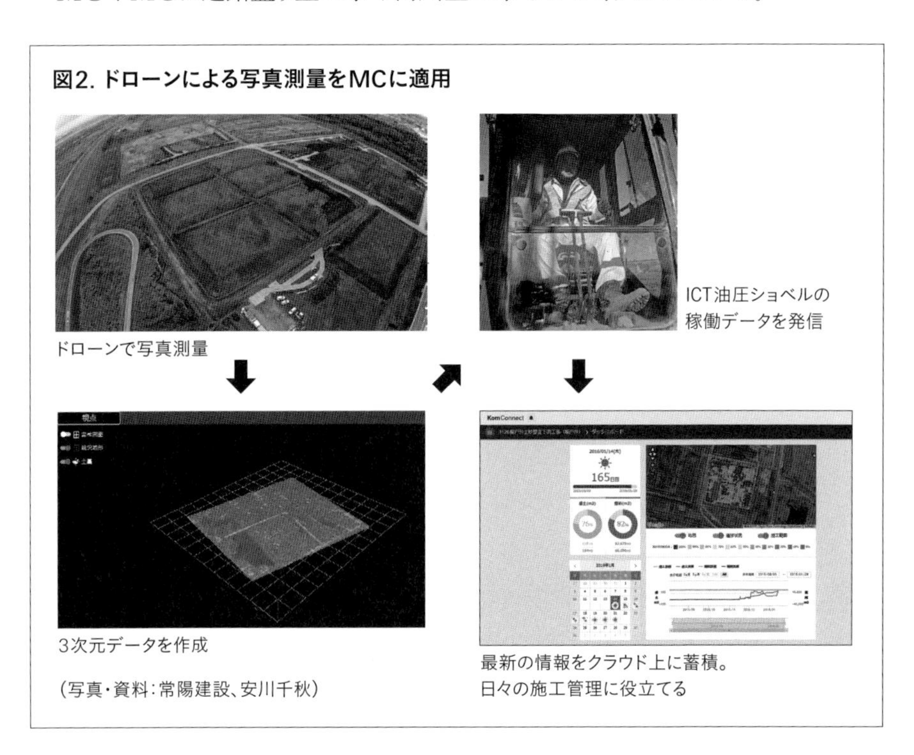

図2. ドローンによる写真測量をMCに適用

ドローンで写真測量

3次元データを作成

ICT油圧ショベルの稼働データを発信

最新の情報をクラウド上に蓄積。日々の施工管理に役立てる

(写真・資料:常陽建設、安川千秋)

写真1. マシンコントロール

（写真：安川千秋）

③AR(拡張現実)による安全や品質の確保

AR（Augmented Reality＝拡張現実）とは、現実の風景に様々な情報を重ね合わせて表示する技術。「拡張」という言葉が示す通り、現実世界で人が感知できる情報に、「何か別の情報」を加えて現実を拡張表現する技術やその手法をいう。

タブレット端末上に表示されるケースが多いが、眼鏡型のウエアラブル端末と組み合わせることも可能だ。

ARを活用した表面仕上げ管理システムの事例を紹介しよう。

表面仕上げ作業では通常、測量機械レベルで高さを計測して確認する。このシステムは、写真撮影することで表面の高さを測定して画像化し、高さの違いを色分けする。それを現実の風景に重ね合わせることで、コンクリート表面の高低差を確認することができる。これによって、測量の手待ちがなく、表面仕上げ作業ができるので、工期短縮が可能となる。（写真2）

写真2. コンクリート天端ならしにARを活用

コンター図をタブレット端末上で現場の映像に重ねて表示（写真：三井住友建設）

埋設物可視化システムでは、埋設物の位置図を現実の風景に重ね合わせることで、埋設物の位置が明確になる。これによって、掘削時に埋設物を破損する危険性がなくなり、作業を効率的に進めることができる。

④ウエアラブル機器による作業能率の向上

ウエアラブル機器とは、身に付けて持ち歩くことができるデバイスのこと。メガネ型や腕時計型、衣服型などのデバイスを身に付けることで、多様な作業を支援する。

写真3は、ヘッドホンとメガネが一体化しているヘッドマウントディスプレーの作業支援状況。コンクリート空気量試験の作業手順がメガネに表示されるので、効率的に材料試験をすることができる。

写真3. ウエアラブル機器の導入例

コンクリート空気試験の作業手順をメガネに表示する（写真：戸田建設）

⑤プレキャスト化による省力化と品質確保

建設業は現場ごとの一品生産であることから、材料が最も少なくなる、いわゆる個別最適の設計を行う。そのため、現場ごとに鉄筋や型枠の寸法が異なり、手間が増えて非効率となる。

これに対して、鉄筋のプレハブ化は省力化や工期短縮が期待できるが、コストが高くなる。運搬の制約から部材の分割化も必要となる。

そこで、各段階で規格の標準化が検討されている。これを「プレキャスト化」という。プレキャスト化が普及すれば、各部材の工場製作が進み、資機材の転用などでコストが低下。さらに、工期も短縮できる。

これまでプレキャスト化が難しかった部材をプレキャスト化したり、プレキャストの宿命である継ぎ手部分の施工効率を高めたりするなど、さらなる効率化がされている。

図3は、プレキャストコンクリート間の間詰めコンクリートを省略した「コッター式継ぎ手」の事例。

コッター式継ぎ手には次のメリットがある。

1 急速施工が可能

プレキャストコンクリートの接合部分にコッター式継ぎ手を使うことで、床版設置時間を従来工法より3割ほど短縮できる。

例えば、従来のプレキャストPC床版による架け替え工事では、橋軸縦断方向（車の走行方向）に約2m間隔で版同士を接合する。接合部の施工は、現場で鉄筋と型枠を組み、間詰めコンクリートを打設する必要がある。そのため、一定の時間がかかるうえに、天候の影響も受ける。

コッター式継ぎ手を用いれば、鉄筋工と型枠工を省くことができる。床版に埋設されているC形金物にくさび状のH形金物を挿入し、必要なトルクで固定用ボルトを締め込むことで十分な接合強度を確保できる。

2 将来の部分的な取り換えが容易

「コッター床版」は接合部のH形金物を切断しても、周りの床版の強度に影響しない。損傷した箇所の床板を撤去して交換することで、必要とされる機能を迅速に復旧することが容易になる。供用後のメンテナンス性や災害時の早期復旧などに優れている。

図3. プレキャスト化による省力化

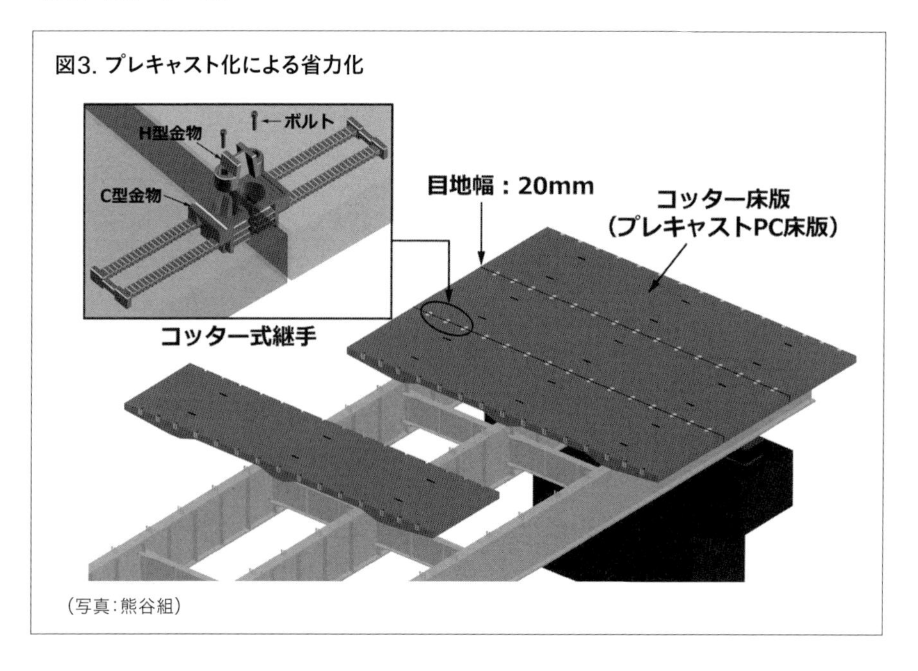

（写真：熊谷組）

6 サイクル工程表

オフィスビルやマンションなど建物の各階で同じ工程を繰り返す建築工事で、工期を短縮するには「サイクル工程表」を作成するのが効果的だ。

サイクル工程表には、型枠や鉄筋、コンクリート、内装、設備、電気など1サイクルの工事をまとめる。作業員の慣れや材料の転用で加工手間がかからなくなるなど、工期短縮を図ることができる。

土木分野のカルバート工事や下水道敷設なども同様だ。

サイクル工程表を作成すると、その実績データをすぐに次のサイクル工程表に反映することができる。工種ごとの実績工程表やサイクルごとの実績工程表を残すことで、施工ノウハウを蓄積できる。

図1. サイクル工程表

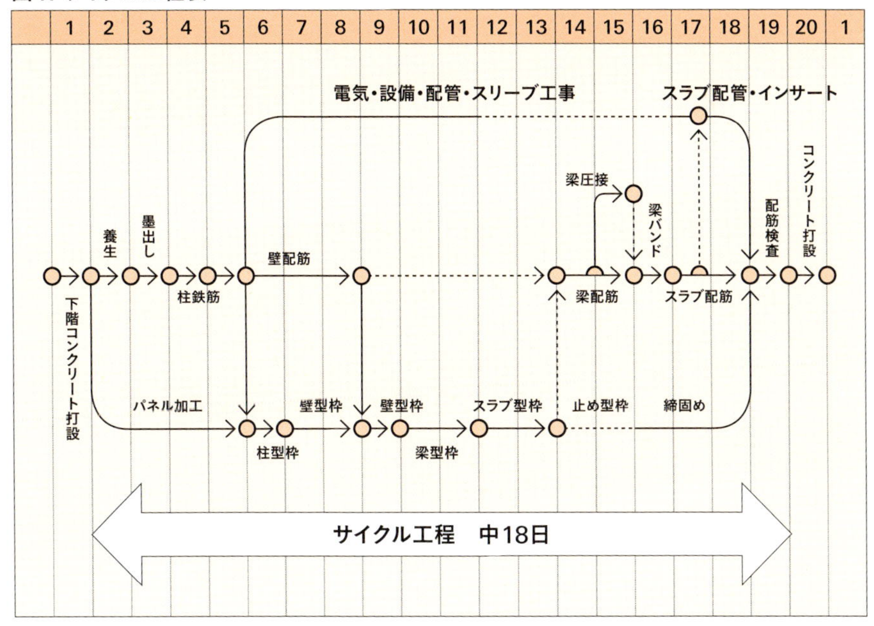

第5章
工程管理のポイント③ ムダを省け

1 人的要因
2 機械的要因
3 方法要因
4 材料要因

3つ目のポイントは「ムダを省け」。旗に向かって自ら決めた道をまっすぐ進むには、ムダを省くことも大切だ。

現場には、手待ち、手戻り、手直しというムダが発生しやすい。ムダを生む要因別に、その省き方を解説する。

1 人的要因

(1)人材に必要なやる気とスキル

いくら素晴らしい施工計画や施工手順、実行予算を立案しても、現場で働く人に十分なスキルがなければ、それらを実現することはできない。

また、たとえ現場で働く人に高いスキルがあったとしても、そのスキルを十分に活用できなければ、やはり計画を達成することはできない。

現場で働く人が自らの能力を100%発揮するにはやる気が必要だ。

図1. やる気とスキルの相関

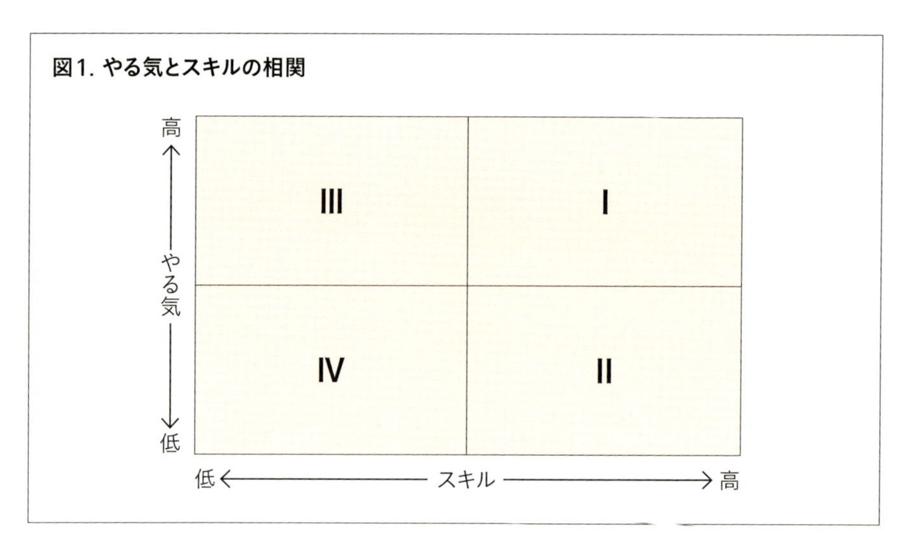

やる気とスキルの関係を図1に示す。

Ⅰ:やる気もスキルも高い。理想的な層と言える

Ⅱ:スキルは高いが、やる気が低い。ベテランの技術者や技能者に多い。スキル

が高いので、通常時はそこそこの仕事ができる。ただ向上意欲に欠けるため、困難な仕事や緊急時に力を発揮することができない

Ⅲ：やる気は高いが、スキルが低い。経験が浅い若手の技術者や技能者に多い。スキルが低いので、やる気が空回りする。懸命に仕事をするが、ミスが多い

Ⅳ：やる気もスキルも低い。

現場で働く人のなかにⅠの層が多ければ問題はない。しかし、Ⅱ、Ⅲ、Ⅳの層が多ければ、工期短縮のための戦略や戦術をなかなか実践することができない。結果として、工期短縮どころか、予定工期をオーバーしてしまう恐れすらある。

(2) いかにしてやる気を起こさせるか

Ⅱ、Ⅳの層にやる気を起こさせるには2つの方法がある。

①脳にプラスの刺激を与える

人のやる気は、脳の働きの影響を大きく受ける。ハードウエアとしての脳は大きな力を備えており、「やる気のある人、成功している人」と「やる気のない人、成功していない人」との間に大きな差はない。

ならば、どうしてやる気によって成功したり、成功しなかったりするのか。実は、脳の状態（ソフトウエア）に違いがある。つまり、何を脳にインプットするかで結果に差が出るわけだ。

インプットには、表1のようにプラスとマイナスの2種類がある。脳にプラスのインプットがあり、良い状態を保っている人とそうでない人では、脳の働きが数倍も違うと言われている。

工期短縮を目指す現場担当者は、現場で働く人に対して、表1に示すようなマイナスのインプットを避け、プラスのインプットをするとよい。プラスの刺激が加われば、やる気が高まるはずだ。

表1. 脳に与えるインプット

脳に与えるプラスのインプット	脳に与えるマイナスのインプット
プラスの言葉：やれる、できる、ワクワクする プラスの動作：握手、拍手、ガッツポーズ プラスの表情：笑顔、元気	マイナスの言葉：無理、できない、疲れた マイナスの動作：無視、うなだれる マイナスの表情：暗い、いらいらする

②マズローの欲求5段階を満たす

米国の心理学者のマズローが「人の欲求は段階を追って高まっていく」と唱えたことから、これを「マズローの欲求5段階説」という。

人は欲求を満たされると、やる気が高まる。ここでは、いかにして人の欲求を満たし、やる気を高めていくかについて考えてみよう。

図2. マズロー欲求5段階

自己実現の欲求
自我地位の欲求
集団帰属の欲求
安全秩序の欲求
生存安楽の欲求

■第1段階：生存安楽の欲求

人には「良い待遇で働きたい」という欲求がある。これを「生存安楽の欲求」といい、人の基本的な欲求とされる。人並み以上の給与、ほどほどの残業、一定の休日など、職場環境を整えることが人のやる気を押し上げ、結果として工期遅延の原因となるムダな行動を減らすことにつながる。人のやる気には、職場環境を整備することが重要だ。

■第2段階：安全秩序の欲求

最初は「自分がやりたい仕事をしたい」と思っていた人も、仕事に慣れてくると「安全に、安心して、安定して働きたい」と思うようになる。これを「安全秩序の欲求」といい、第2段階の欲求に当たる。

派遣社員や一人親方として働いている人が「正社員になりたい」と思ったり、危険な職場で働く人が「安全な職場で働きたい」と思ったりするのは、この欲求があるからだ。

また、人には「秩序のある職場で働きたい」という欲求もある。これには勤務体系や作業配置、作業手順などが影響するため、マニュアルや業務標準書を作成して仕事をしやすくすることで、この欲求を満たす必要があるだろう。

■第3段階：集団帰属の欲求

第3段階は「集団帰属の欲求」といい、「仲間と仲良く働きたい」という欲求だ。これには自社の同僚や協力会社の人たちとの信頼関係が欠かせない。

「北風と太陽」という童話がある。北風と太陽が旅人のマントをどちらが早く脱がせるかを競った話だ。最初に、北風がマントを吹き飛ばそうと、思い切り強い風を旅人に吹きかけた。しかし、旅人は寒さから身を守ろうと、かたくなにマントを握りしめて離さない。次に、太陽が旅人に暖かい光を降り注いだ。すると、心身ともに温まった旅人は、自ら進んでマントを脱いだという。

無理矢理に働かせるのは北風だ。集団帰属の欲求が意味するのは、人は太陽を求めているということだ。会社や仲間と温かい関係を築くことができれば、人は自ら進んで効率的に働くようになる。

■第4段階：自我地位の欲求

第4段階は「自我地位の欲求」。人にやらされるのではなく、自分で決めて働きたいという欲求だ。現場の人たちが自律的に働いて、この欲求を満たすようになるには、現場担当者は次の3つのことを実践する必要がある。

1. 仕事の価値や目的に気付かせる
2. 作業方法の選択権と責任を与える
3. 作業の内容と結果を承認する（認める、褒める）

■第5段階：自己実現の欲求

第5段階は「自己実現の欲求」だ。目標を達成することで「やればできる」と実感し、やる気が高まる。

この場合、目標はできるだけ高い方がよい。困難であれば困難であるほど、やり切ったときの達成感が大きい。近所の小さな山に登ったときより富士山に登頂したときの方が感動が大きいのと同じだ。

「パッション」という英語は「情熱」と邦訳されることが多いが、英語には「受難」という意味もある。つまり、「受難」を乗り越えようとすることと、「情熱」を持って行動することとは同義というわけだ。

(3) いかにしてスキルを向上させるか

スキルを向上させるというのは、部下に教えたり理解させたりすることではない。部下が自ら考えて発言したり、行動したり、反省したりする環境をつくることだ。「ノウハウ（どのようにするのかを知ること）」ではなく、「ノウホワイ（なぜなのかを知ること）」が成長につながる。

「すずめの学校」という童謡がある。「すずめの学校の先生は鞭を振り振りチイパッパ」という。すずめの学校はどうやら上意下達の校風らしい。

これに対して、童謡「めだかの学校」は「誰が生徒か先生か、皆で元気に遊んでる」という。校内に自由な雰囲気があふれているようだ。

企業や組織が「めだかの学校」のようになれば、そこで働く人たちは自主的に育ち、活気にあふれた職場になるだろう。

「百聞は一見にしかず」ということわざがある。これに倣えば、「百見は一体験にしかず」、「一万聞は一体験にしかず」ということになる。

上司が部下に「何回言ったら分かるんだ！」と怒鳴っているのをよく耳にするが、答えは「1万回」だ。

つまり、スキルを向上させるには体験させることが最も効果的だ。

2 機械的要因

(1) 機械能力の最適化

まずは、機械能力をいかに最適化するかについて考えてみよう。

機械能力を最適化するには、最適な能力の機械設備を使用すればよい。機械の能力が小さすぎると工期遅延の原因となる。逆に、大きすぎるとムダになる。

また、複数の機械を使用する場合、そのバランスが重要になる。バランスが悪いと、能力の低い機械が全体の能力を低下させてしまいかねない。

これを「ボトルネック」という。

ボトルネックとは、水の入っているボトルから水を出す場合に水の出る量がボトルのくぼんでいる部分（ネック）の面積によって決まるという法則から生まれた考え方だ。

つまり、全体の施工効率は最も効率の低い作業によって決まる。

掘削工や運搬工、敷きならし工を例に挙げると分かりやすい。Aさん、Bさん、Cさんがそれぞれ機械を使用しながら作業しているとする。

Aさん掘削工　　　　：1㎥当たりの作業時間＝3分
Bさん運搬工　　　　：1㎥当たりの作業時間＝3分30秒
Cさん敷きならし工：1㎥当たりの作業時間＝2分50秒

この場合、最も作業時間のかかるBさんのサイクルタイム（3分30秒/㎥）によって全体の作業効率が決まってしまう。

これを「Bさんの作業がボトルネックになっている」という。

つまり、1日当たりの作業量は次のようになる。

8時間/日×60分÷3分30秒/㎥＝137㎥/日

そこで、Bさんが使用する機械を変更し、1㎥当たり3分でできるような機械に変更すると、1日当たりの作業量は

8時間/日×60分÷3分/㎥＝160㎥/日

となり、生産性は17％（160㎥/日÷137㎥/日×100％－100％＝16.8％）向上する。

Bさんの作業が遅いのでAさんの掘削した土がBさんの横に山積みになり、Bさんからの土砂が届かないのでCさんは仕事のない手待ちの状態になる。

施工管理者がその様子を見れば、Bさんがボトルネックになっていることが分かるので、上記のような改善策を実施すればよいことになる。

しかし実際には、そううまくいかない。AさんやCさんが時間調整して、1㎥当たり3分30秒で作業するようになるからだ。そうすると、一見すると全員の仕事がスムーズに進んでいるように映るので、施工管理者がボトルネックを見つけることができない。

ボトルネックが見つからないと改善するポイントが分からないので、工期短縮を達成することができない。

ある製造業の工場では、製品をつくりすぎたり、手待ちの状態になったりした場合に、作業員がボタンを押したり、一歩下がったりして管理者に知らせるようにしている。管理者がボトルネックを直ちに把握できる仕組みにしているわけだ。

建設業界でも、掘削工事や内装工事のように、同じ作業の繰り返しがある工種ではボトルネックが生じやすい傾向にある。

能力バランスを考えた人員配置や機械能力・台数を選定する必要がある。

(2)機械稼働時間の最大化

次に、いかにして機械の稼働時間を最大にするかが重要だ。機械が止まる原因と解決策を下表に示す。

表1. 機械が止まる要因と解決策

機械停止要因	解決策
故障	定期的な設備点検で故障の要因を予防する。故障や修理が必要となったときは、そのたびにチェックリストを更新することが重要
修理	機械の異音やオイル漏れなどのわずかな変調を知り、機械が動くうちに修理することで作業停止時間を最小限に抑える
燃料切れ	停電や燃料切れ、オイル切れが原因で起こる機械停止。定期的な設備点検で充足状況を確認する
操作ミス	オペレーターの知識や経験の不足によって機械が停止したり、能力が低下したりする。事前の教育をしっかりしておくことが必要
休憩	休憩時間が長いことで停止時間が増える。オペレーターへの指導や社風の改善が必要

私がダム工事現場で実際に経験したことを話そう。

その現場では、バックホーで土砂を掘削し、ダンプトラックで搬出する作業をしていた。

昼休みは正午から午後1時までだが、ダンプトラックの運転手は掘削箇所から車で15分ほど離れたところで休憩していた。運転手はその場所で午後1時まで休憩してから現場に移動するので、実際の搬出作業は午後1時15分から始めることになっていた。

そこで、私は稼働時間を15分長くするため、午後0時45分に昼寝をしている運転手を起こしに行くことにした。

ダンプトラックの外からドアをドンドン叩き、「おーい、昼休みは終わりだぞ!」と叫ぶ。

すると、「まだ休み時間が15分あるじゃないか」と運転手。

運転手の親方に詰め寄ると、最初は全く耳を貸さなかった親方も私の熱意に根負けしたのか、最終的に私の言い分を聞き入れて運転手の昼休み場所を変更してくれ、午後1時に作業開始することができるようになった。

その結果、工期を5%短縮できた。小さなことの積み重ねで工期を短縮できることを痛感した出来事だった。

3 方法要因

(1)施工図による工期短縮

現場では職人が施工図を基に作業を進める。裏を返せば、施工図に不備があると、作業に次のようなムダが生じ、工期が延びてしまう。

■手待ちの発生

施工図に描いていないことや施工図を見てもよく分からないことがあると、施工管理者に確認しなければならない。施工管理者にすぐに連絡が取れなければ、指示待ちの状態になる

■手戻りの発生

施工図に描いてある情報が不足していたり、施工図を見てもよく分からないことがあったりした場合、職人が勝手に解釈して作業してしまうケースもある。その結果として、不具合(配線漏れやアンカー不足など)が生じ、手戻り作業となることもある。

■手直しの発生

施工図が誤っていた場合、または職人が施工図を正しく理解せずに作業した場合(配線ミスや寸法違いなど)、手直し作業となる。

これらは全てムダだ。ムダを省いて工期を短縮する方法を以下に列挙する。

施工図を描くための最重要ポイントは、「誰が見てもすぐに分かる図面」にすることだ。

施工図に細部の記載がなかったり、不十分な内容であったりすると、職人が施工管理者に口頭で問い合わせなければならない。

職人が一目見ただけで施工の詳細まで全て分かるような施工図をあらかじめきちんと作成していれば、施工管理者が現場から携帯電話で呼び出されることも少なくなる。その分、時間にも余裕ができ、別の施工図の作成に専念できる。

①誰でも、すぐに、目で見て分かる施工図

分かりやすい施工図には明確な特徴がある。「誰でも」、「すぐに」、「目で見て分かる」ということだ。この3点に留意して施工図を作成するだけで、現場から質問される回数が減るだろう。

1.「誰でも分かる」ようにするには、誰でも分かる表現で描く必要がある。
専門用語を多用したり、その会社でしか通じない「方言」を用いたりすると、経験の浅い若手や他社の社員には理解できない。目の良くない人のために、小さな字を使わないことも大切だ。

2.「すぐに分かる」ようにするには、例えば記号の説明(凡例)を丁寧に記すことが必要だ。工事の概要や目的が一目で分かるように、後述するような全体図を用いることも重要だ。

3.「目で見て分かる(施工管理者に聞かなくても分かる)」ようにするには、後述するような展開図や詳細図を付けるとよい。

②全体図で全体像を示す

これまで様々な施工図を見てきたが、平面図しか描かれていないものが意外と多い。しかし、それでは現場で働く人が一目で全体像を理解することができず、結果として手戻りや手待ち、手直しが生じてしまう。人というのは、仕事の目的や概要が分からないと、言われたことしかやらない傾向がある。逆に、目的や概要が分かると、自主的に工夫して仕事をするようになる。

こんなたとえ話がある。

レンガを積んでいる職人4人に「何をしているのか」と尋ねたところ、それぞれ次のように答えた。

1人目の職人は「レンガを積んでいるんだ。忙しいので声を掛けないでくれ」

2人目の職人は「壁を造っているんだ。何の壁だって？　そんなことは分からないよ」

3人目の職人は「教会を造っているんだ。今作業している場所は、信者の方々がお祈りをする場所なので、特に念入りに積んでいるんだよ」

4人目の職人は「教会を造って街を平和にする仕事をしているんだ。教会ができて、この街に住む人たちが過ごしやすくなると思うと、やる気が出て、仕事にやりがいがあるよ」

もう、お分かりだろう。言われた仕事しかしていないのは1人目と2人目で、3人目と4人目は自主的に工夫して仕事をしている。

現場の職人にやる気ややりがいを持って働いてもらうには、まずは工事の全体像や工事の目的を理解させることが必要だ。工事概要などの全体像が一目で分かる施工図が必要なのは、そのためだ。

③展開図や詳細図で細部を示す

次に、細部の理解が重要になってくる。コンセントやスイッチの高さや位置は、展開図がないと理解できない。「常識だから」とか「標準だから」とかいって、施工図に高さや位置を記さない技術者もいる。しかし、それでは職人が作業中に一瞬手を止めて考えなければならない。

そのことで、結果的に余分な工期が生じていることを心得るべきだ。

最初にも述べたが、詳細が分からないと、次のような問題が起こり得る。

1. 手待ち

「監督さんに確認してから進めよう」と言って作業を止める

2. 手戻り

「監督さんがいないので、とりあえずこの方法でやってみよう」と勝手な理解で作業を進めた結果、施工漏れが発生して、手戻りとなる

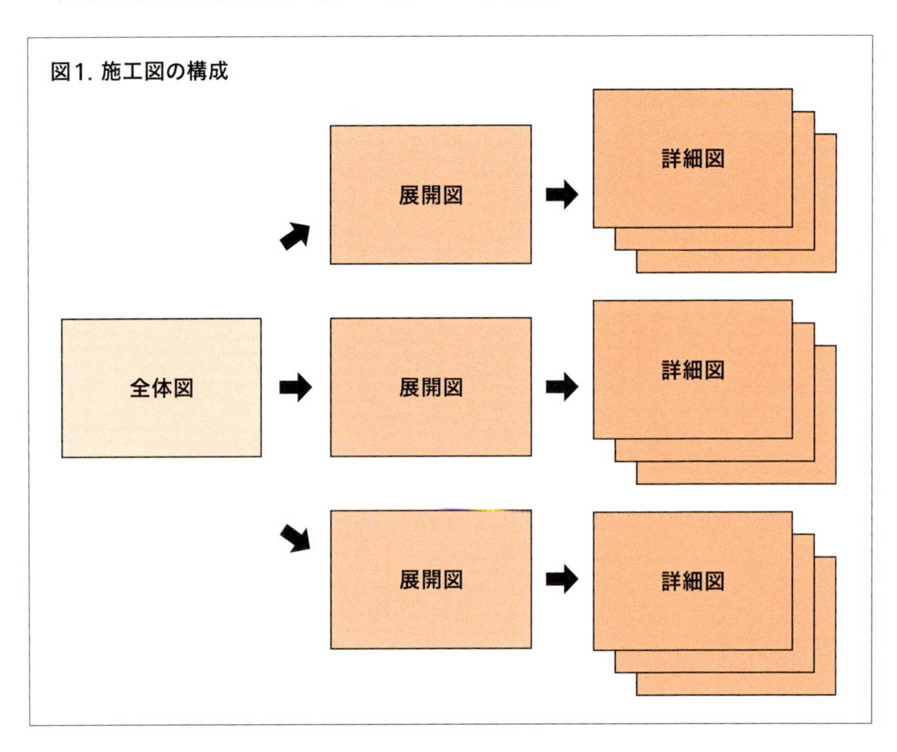

3. 手直し

勝手な理解で仕事を進めた結果、施工ミスが発生して、手直しになる。

④施工順序を考えて記載する

施工図を作成するうえで、考慮しなければならないことがある。施工時に他工種がどれくらい進んでいるのかを考えて、寸法などを記すことだ。

例えば、電気工事の施工時に床しか完成していない場合、壁のセンターラインなど基本ラインからの寸法が記されていなければ施工できない。

施工時に既に壁の躯体が完成している場合には、壁のセンターラインが見えないことが多いので、壁面からの寸法が記されていなければならない。

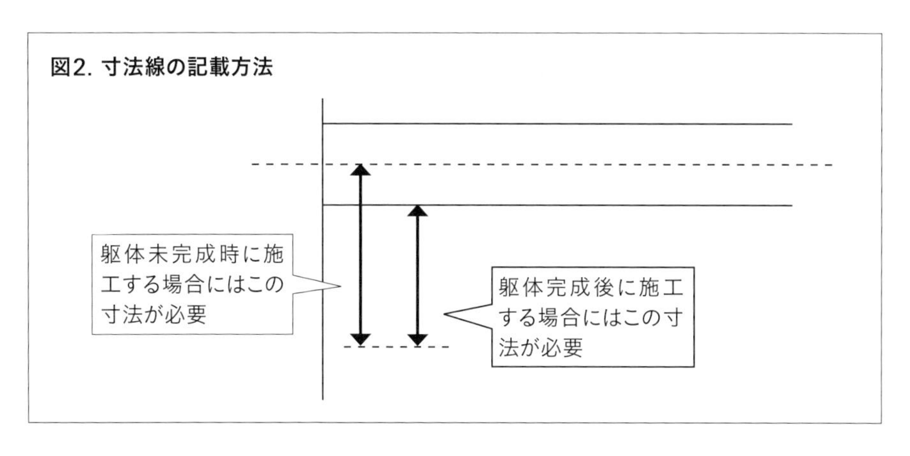

図2. 寸法線の記載方法

⑤他工種との差を確認する

現場では多くの工種の作業が同時に進行しており、混み合った作業になることが多い。そのため、同時進行する工種の施工方法や施工順序を常に把握したうえで施工図を描く必要がある。

⑥詳細寸法や仕様を記す

図面を見て「すぐに」分かるようにするには、詳細寸法を記す必要がある。

「計算すれば分かる」とか「常識的に分かる」とかいって寸法を省略すると、施工者が「すぐに」寸法を理解できず、手待ちや手戻りのムダが発生する。

くどいほど寸法を記してちょうどよい、と覚えておこう。

また、詳細な仕様を記すことで、図面に対する理解度が上がり、「すぐに」施工できるようになる。

寸法や深さ、長さ、大きさ、仕様、品番、色、施工順序などは、詳細を記しておく必要がある。

その場合、施工者によっては図面の一部しか見ないこともあるので、全ての図面に繰り返し記すことが望ましい。

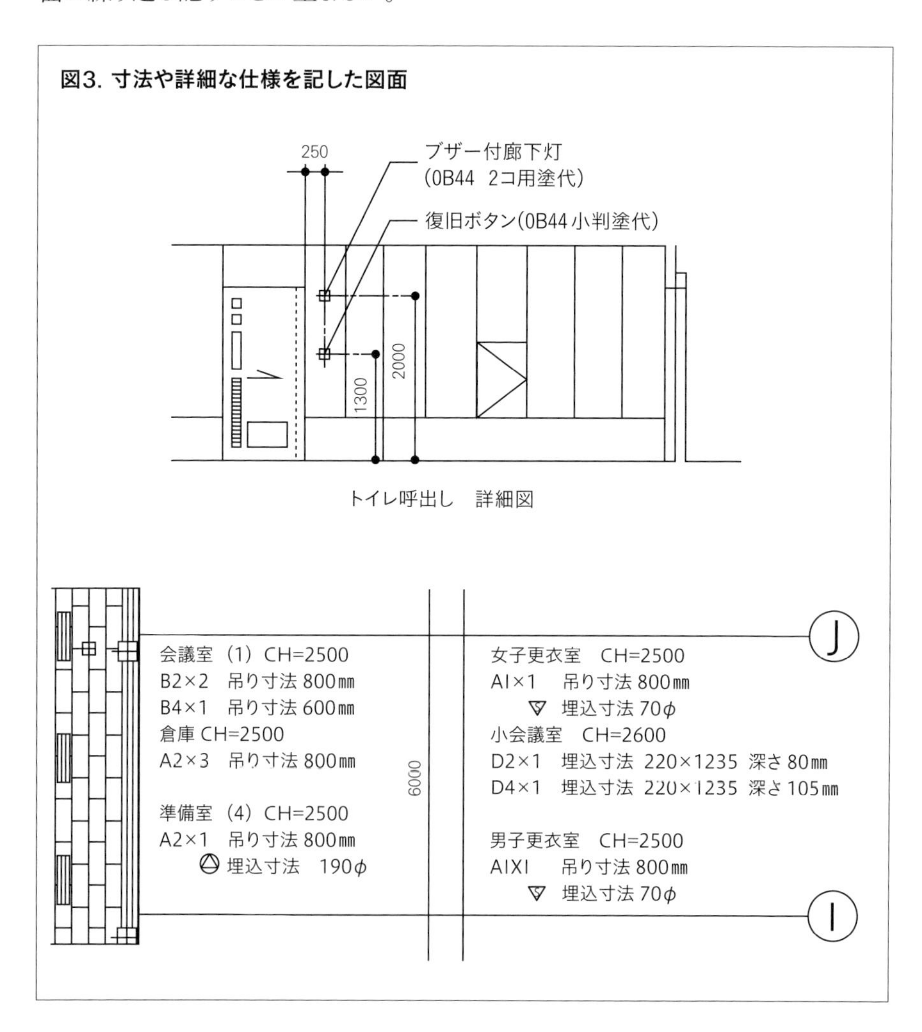

図3. 寸法や詳細な仕様を記した図面

⑦凡例を活用する

施工図は様々な記号を用いて作成する。一般的に用いられている記号もあるし、顧客特有の記号や元請け会社特有の記号、自社特有の記号もある。さらに、その現場だけで用いる記号もあるだろう。

施工者がそれらの記号を「すぐに」理解できるようにするには凡例が必要だ。

ただ、最初のページや特記仕様のページにだけ凡例を記している施工図もあるが、それでは一部の施工だけを担当している人たちには分かりにくい。凡例が記されている箇所を探すのにも時間がかかる。

図面に凡例が必要な場合、同じページに記載すると分かりやすい。

⑧色分けする

建築新築工事の場合、建築と電気、設備の各分野の職人が同時に現場に入ることがある。そうすると、それぞれの施工箇所が入り組み、立体的に接触して施工できなくなる可能性もある。

例えば、建築工事のアンカーや電線、配管が同じ位置に計画されていると、同時に施工することができない。あらかじめ調整する必要がある。

具体的には、それぞれの図面を持ち寄り、レイヤー（層別）処理して施工位置を重ね合わせ、1枚の施工図に落とし込む。さらに、工種ごとに色分けすれば、接触していることが「すぐに」分かる。

それぞれの工種を何色にするかをあらかじめ決めておくと、施工者が「すぐに」理解できる施工図になる。

⑨改定履歴を明確にする

施工図は随時変更になる可能性がある。必要な内容の記入漏れ、設計の変更、建築と電気、設備の各工事の集中による変更などが、その原因だ。

常に最新の図面がどれなのかを明確にしておかないと、変更前の誤った図面で施工してしまい、手戻りとなってしまう。

そうした手戻りを防ぐには、改定履歴を明確にする必要がある。変更の箇所や内容、理由、図面の作成者や承認者を記しておくとよい（表1）。

変更理由が記されていない改定履歴をよく見かける。しかし、施工者は変更理由を知ることで納得し、意欲を持って作業を進めることができる。

一方、図面の承認者は変更のたびに承認印を押したり、最新版の印を付けたりすることで、他の図面と識別することができるだろう。

表1. 改定履歴

制改定日	記号	変更内容	変更理由	承認	作成
●年3月1日				田中	山田
●年3月10日	①	点検口追記	記載漏れのため	田中	山田
●年4月1日	②	誘導灯4カ所、感知機2カ所追記	レイアウト変更のため	田中	山田

(2)運搬のムダ、動作のムダ

現場のムダの代表が運搬や動作のムダだ。運搬の作業には、次の4種類のムダがある。これらの運搬のムダをなくす仮設計画を立てると、工期短縮につながる。

■4つの運搬ムダ

往復運搬

長い距離の運搬

仮置きで生じる運搬

下積みや積み替えによる運搬

ムダな動作をやめるには、次の4原則に沿って作業計画を立てるのがよい。

■動作のムダを省く4原則

距離を短くする＝運搬距離を減らす

両手を同時に使う＝両手の間隔は25cm以内にする

動作の数を減らす＝仮置きや持ち替えをやめる

動作を楽にする＝リズムを乱さない

(3) 手待ち、手戻り、手直しによるムダ

手待ちや手戻り、手直しによるムダについては、先ほどから何度も述べているが、建設現場ではこういった類のムダが非常に多い。ここで改めて、その原因と対策を解説しよう。

現場で発生しているムダには、次の3種類がある。

■手待ち

■手戻り

■手直し

手待ちとは、次の作業にかかれずに動作がストップしている状態をいう。例えば、工程通り現場に入ったが、作業ができずに待機している状態だ。

その原因と対策は以下の通り。

表2. 手待ちによるムダ

手待ちのムダ	説明	原因	対策
①材料や資材の不足	必要な材料や資材がないか、不足しているために、施工できない状態	・材料や資材の調達ミス ・外注会社や資材納入会社のミス	・早期の調達手配 ・外注会社や資材納入会社への早期の連絡
②作業	複数の工種が同時に同一箇所で施工することで、能率が低下している状態	・工程管理上の配慮不足	・同一箇所で施工が混み合わない工程の立案 ・施工の打ち合わせの充実
③共通機械(クレーンなど)の使用待ち	複数の工種で機械(クレーンなど)を共有しているため、待ち時間が発生している状態	・工程管理上の配慮不足	・共有機械の使用工程の綿密な立案 ・施工の打ち合わせの充実
④作業能力の不均衡	連続して作業する工種の能力が不均衡であるため、ボトルネックが発生している状態	・工程管理上の配慮不足	・作業能力に配慮した工程の立案 ・施工の打ち合わせの充実
⑤前工程の遅れ	前工程が遅れることによる作業停止	・工程順守意識の欠如 ・工程管理上の配慮不足	・工程管理の徹底 ・工程遅れの早期把握

手戻りとは、ある作業工程を実施せずに次に進んでしまったために、その工程まで戻って作業をやり直すことをいう。例えば、コンセントの個数を誤って設置したために、再度その作業を行うことをいう。

その原因と対策は以下の通り。

表3. 手戻りによるムダ

手待ちのムダ	説明	原因	対策
①作業手順の誤り	作業手順が不明確、もしくは誤っている	作業手順の事前確認の不足	施工検討会の開催
②作業手順の不徹底	作業手順を作業員が理解していないか、もしくは教育していない	作業手順の周知不足	朝礼やTBM（ツールボックスミーティング＝短時間の打ち合わせ）の実施
③作業手順の不一致	作業手順や図面の変更が現場に反映されていない	管理者と作業員との連絡不足	朝礼やTBMの実施

手直しとは、不良が発生したために、その不良を手直しすることをいう。手直しには3種類ある。その内容と対策は以下の通り。

表4. 手直しによるムダ

<table>
<tr><th>手待ちのムダ</th><th>説明</th><th>発生するムダ</th><th>対策</th></tr>
<tr><td>①修正する</td><td>不良品を良品にするために修正する</td><td>修正する時間と手間</td><td rowspan="3">不良が再発しないように、「なぜ、なぜ、なぜ」と真因を探り、それを除去する</td></tr>
<tr><td>②一から作り直す</td><td>不良品を廃棄して、改めてつくる</td><td>破棄やつくり直しの時間と手間</td></tr>
<tr><td>③別の用途に用いる</td><td>不良品を別の用途に用いて、改めてつくる</td><td>つくり直しの時間と手間</td></tr>
</table>

(4)ムラやムリによるムダ

ムダ、ムリ、ムラの3つを「3ム」という。この3ムは連動して起こりやすい。その関係について考えよう。

ムラ	作業の量と質の変動が大きい状態

↓

ムリ	所有している能力を超えた量や質の作業をしている状態 所有している能力を満たさない量や質の作業をしている状態

↓

ムダ	所有している能力に適合している作業をしていないために、期待する効率を満たしていない状態

ムラのある作業が、現場のムリを誘発し、その結果として作業効率の低下とい

うムダを生み出す。施工管理者としては、作業の量と質を平準化し、現場にムリな作業をさせないことが必要だ。

(5)「報連相」の不徹底によるムダ

報告、連絡、相談を略して「報連相(ホウレンソウ)」という。報連相が不十分だと、結果として現場でムダが発生し、余分な工期がかかってしまうこともある。ここでは、どのような点に注意して、どのようなタイミングで報連相をすれば、工期を短縮できるのかを考えてみよう。

まず、報連相の定義を確認する。

表5. 報連相の定義

	誰に対して伝えるのか	何を伝えるのか
報告	指示、命令、依頼した人に対して	指示、命令、依頼に対する返答
連絡	関係者全員に対して	相手に対して伝えた方がよいと思うことを伝える
相談	信頼関係のある人に対して	自分が聞いて欲しいと思うことを伝える

報連相が原因で工期が遅れるのは、次のようなケースだ。

①**社内(工事部門、設計部門、営業部門)**の報連相が悪く、指示命令体系が一元化されていない
②**工事担当者と資材納入会社**との報連相が悪く、必要なときに必要な資材が納入されていない
③**工事担当者と外注会社**との報連相が悪く、現場に適切な指示が出てされていない
④**工事担当者と顧客**との報連相が悪く、顧客満足が低下している。

■報連相改善による工期短縮策

報連相による改善を継続するには、「仕組みの改善」と「作業・活動の改善」が欠かせない。会議のやり方を変える、報告書の書式を変える、報連相ツールを導入するなど、報連相をしやすい仕組みをつくる。

そのうえで、作業・活動の目的と概要を関係者に周知し、その内容を改善する。報連相は仕事の基本であるだけに、「分かっているつもり」になっていることが多い。繰り返し徹底することが重要だ。

仕組みの改善＝報連相の仕組みを改善する
作業・活動の改善＝目的や概要を周知することで作業・活動を改善。
それを習慣化できるように教育する

【事例1】顧客との報連相

顧客と接点を持つ住宅会社の営業マンと設計者、工事担当者の間のやり取りを基に、報連相の改善について考えてみよう。

工事担当者Gさん

「お客様から金具の位置が違うと話がありました。私は図面の通りに付けたのですが、図面が変わったのですか?」

営業担当者Hさん

「そういえば、先日お客様に会ったときに、位置を変えてほしいと言われていましたが、それをGさんに伝えることを忘れていました」

工事担当者Gさん

「Hさん、それは困りますよ。お客様からの信頼が低下しますし、手直しで工期が遅れます」

設計担当者Iさん

「そういえば、お客様と約束している2階のチェックを、設計・監理業務としてやりたいのですが、いつがいいですか?」

工事担当者Gさん

「えっ、そんなこと、聞いていないですよ。今から検査の段取りをすると、職人の手待ちになり、工期が遅れます」

設計と営業、工事の各担当者の間で報連相ができていないと、顧客の信頼を低下させるほか、余分な手直しや手戻り、手待ちに時間がかかってしまう。どのような対策が必要だろうか。

この問題に対する仕組みの改善手法と作業・活動の改善手法を表6に示す。

表6. 報連相の定義

改善策	
仕組みの改善	顧客との対応者を一元化する
	営業、設計、工事の各担当者の会議を定期的に開催する
作業・活動の改善	仕組みの改善方法を教育し、徹底する

【事例2】外注会社との報連相

工事担当者と外注会社の間で報連相がうまくいかず、現場でムダが発生している。どのような対策が必要か。

外注会社Jさん

「Gさん、工程では本日が現場乗り込みになっているので、朝から職人と一緒に来たのですが、前工程が終わっていないので作業できません」

工事担当者Gさん

「雨が続いたので工程が遅れているのです。現場乗り込み前に、私に確認しないから、このようなことになってしまったのではないですか」

外注会社Jさん

「工期を変更したのはGさんなのですから、そちらから連絡するのが筋ではないですか。それに、使用資材が現場から離れた場所に置いてあるので、場内の運搬手間がかかります。手待ちと場内小運搬にかかる日数を計5日、余分にみてくださいよ」

工事担当者Gさん

「だめだよ。工期は守ってもらうよ」

・・・・・・・・・・・

<外注会社の社内で>

外注会社Jさん

「Gさんは報連相が悪く、段取りが悪いので、いつもムダが発生しているな。これからはGさんが担当する工事の工期はサバを読んで、20%は長めにみておかなければならない」

工事現場で工事担当者と外注会社の報連相がしっかりできていないことは珍しくない。互いが意識して報連相を改善することで解決するほかない。

この問題に対する仕組みの改善手法と作業・活動の改善手法を表7に示す。

表7. 改善策一覧

改善策	
仕組みの改善	工事担当者と外注会社の間でメーリングリストやウェブサイトを構築し、情報を共有化する
	資材搬入の際は、前日にFAXで置き場所を指示する
作業・活動の改善	外注会社が現場に乗り込む前に、電話で確認することを徹底する

(6) 5S不徹底によるムダ

整理、整頓、清掃、清潔、しつけを総称して「5S」という。5Sは主に製造業で普及している活動だが、業界の別なく、仕事の基本と言えよう。

建設現場でも5Sをおざなりにすると、ムダが発生しやすい。

まず、5Sの定義を確認しよう(表8)。

表8. 5Sの定義

用語	定義
整理	1カ月以内に要るものと要らないものを分けて、要らないものを移動させる(捨てる)(要品=要るもの、不急品=1カ月以内に必要ないが捨てられないもの、不要品に分ける)
整頓	要品がすぐに取り出せるようにする
清掃	ゴミや汚れのない状態にする
清潔	整理、整頓、清掃が続けられている状態→整理、整頓、清掃のルール化
しつけ	ルールの強制→習慣化→自動化

■整理、整頓、清掃で省力化

5Sのなかでも、整理、整頓、清掃を推進すると、省力化につながる。

例えば、1日当たり2時間分のムダな作業がなくなれば、1人（8時間）でしていた仕事を0.8人（6時間）でできるようになる。これを省力化という。

なぜムダがなくなり、省力化できるのか。理由を説明しよう。

①ムダな動きがなくなる

整理、整頓、清掃によってムダな動きがなくなることで、省力化が可能になる。

A)ものを探すムダがなくなる

整理を進めることで、1カ月以内に使用するものだけが身の回りに残る。さらに整頓を進めることで、何がどこにあるか、誰が見ても分かるようになる。その後に清掃を進めると、ものを探す手間を省けて効率化を図ることができる。

B)運搬のムダがなくなる

運搬のムダには、往復運搬、長い距離の運搬、仮置きで生じる運搬、下積みや積み替えによる運搬の4種類がある。

C)前準備や後片付けのムダがなくなる

作業の前準備や後片付けに長い時間がかかると、その時間がムダとなる。

②作業と作業の隙間や手待ち、手戻りがなくなる

次の作業に入るタイミングが遅れると、作業間に「隙間時間」が発生して工程が遅れる原因になる。逆に、作業に入るタイミングが早すぎると、手待ちや手戻りが発生して原価が余分にかかってしまう。

現場に入るタイミングを誰が見てもすぐに分かるようにすることで、作業間の隙間や手待ち、手戻りによるムダをなくすことができる。

③不良による手直しがなくなる

現場が乱雑だと、不良によるつくり直しや手直しが多くなる。

整理、整頓、清掃を工期短縮につなげるには、次の図式を満たさなければならない。

1. 整理、整頓、清掃の実施
↓
2. 省力化
(以下の①～③の削除。①ムダな動き＝A：ものを探すムダ、B：運搬のムダ、C：前準備や後片付けのムダ、②隙間と手待ちと手戻り、③不良)
↓
3. 省人化による工程短縮、活人化による工数削減
↓
4. コストダウン、工期短縮

■整理、整頓、清掃によるムダの改善

以下の事例は、整理、整頓、清掃のいずれによる改善か。また、前述した①A、B、C、②、③のいずれに当たるのかを考えてみよう。

1.欲しい資料が見つからない
現状：欲しい資料が見つからないことや元の位置にないことがある
解決策：並べた資料の背表紙に棚番号と同じナンバリングをする

解答：置き場所を誰が見てもすぐに分かるようにする改善なので「整頓」
資料を探すムダがなくなるので「①-Aものを探すムダ」の排除

2.外注会社への電話連絡をつい忘れる
現状：外注会社や資材納入会社に電話で確認することを忘れるので、現場の手待ちになることが多い
解決策：外注会社や資材納入会社の作業開始の前日にアラームが鳴るようにパソコンにセットしておいた結果、指示の出し忘れがなくなった

解答：タイミングを誰が聞いてもすぐ分かるようにする改善なので「整頓」
指示の出し忘れによる作業の手戻りがなくなるので「②隙間と手待ちと手戻り」の排除

3.プレストレスト・コンクリート（PC）橋脚の位置がなかなか決まらない
現状：PC橋脚のストランドに緊張作業する際、構台に載せる橋脚の位置がなかなか決まらず、いつも苦労していた
解決策：構台に橋脚位置を表示した

解答：橋脚位置を誰が見てもすぐに分かるようにする改善なので「整頓」
前準備の時間が短くなるので「①-C前準備や後片付けのムダ」の排除

4.道具や設備の整備が不十分なため、よく故障が起こっている
現状：整備が不十分なために道具や設備に故障が起こり、工事がストップしている
解決策：毎朝10分間、道具や機械をピカピカになるまで磨くことで、故障箇所に早期に気付くようになった

解答：道具や設備の汚れをなくすので「清掃」
清掃時の点検によって道具や設備の修理や手直しがなくなるので「③不良」の排除

5.場内での資材小運搬に時間がかかっている
現状：資材運搬会社がいつも現場入り口付近に資材を下ろしていく。そのため、入り口から作業場までの運搬に時間がかかっている
解決策：前日に資材運搬会社に荷下ろし場所をFAXし、現場に表示板を設置して、資材を下ろす場所を指定した

解答：資材を下す場所を誰が見てもすぐに分かるようにしたので「整頓」
場内での小運搬がなくなるので「①-B運搬のムダ」の排除

■清潔で継続化

5Sの4番目の「清潔」とは、「整理、整頓、清掃を続けている状態」を指す。整理、整頓、清掃がそれぞれ動作を表すのに対し、清潔は特に意識しなくても3つの動作が継続している状態を指す。

さらに、清潔には「維持」と「予防」の2つの意味がある。

維持＝整理、整頓、清掃を続ける

予防＝整理、整頓、清掃をしなくてもいいようにする

（増やさない、乱さない、汚さない）

継続している状態をつくるには、行動をルール化する必要がある。

一般に、社会が安定している国は法律が国を統治しているのに対し、乱れている国は絶対君主が国を統治していると言われる。事業が成長している会社は就業規則などのルールが明確なのに対し、停滞している会社にはルールが不明確、あるいはルールより社長の発言を優先してしまう傾向があるようだ。

安定を継続するには、ルールが必要不可欠だ。

表9. 整理、整頓、清掃のルール事例

整理、整頓、清掃	良い状態を維持するためのルール
整理のルール （捨てるルール）	・不必要と思われるものに赤い札を貼り、一定期間をへた後に廃棄する ・全てのものをいったん床に並べ、その後に再度収納する
物を増やさないルール （整理しなくてもよいルール）	・安いからといって必要数量より多く買わない ・台帳を作成することで重複して物を買わない
整頓のルール （誰が見てもすぐに分かるルール）	・棚や倉庫、物置きに置くものを全て表示する ・業務の開始と終了の際にチャイムを鳴らす
物を乱さないルール （整頓しなくてもよいルール）	・ファイリング方法を統一させる ・誤った置き方をしていないか点検する
清掃のルール （ゴミや汚れのないようにするルール）	・1日の清掃時間を決める ・曜日ごとの清掃場所を決める ・場所ごとの清掃当番を決める
汚さないルール （清掃しなくてもよいルール）	・ゴミが飛び散らないようにカバーを付ける ・周囲が汚れないようにゴミ箱を置く

建設現場でいかにしてルールをつくるか、事例を挙げて説明する。「清潔」な状態を保つためのルールの事例を、表9に示す。

■しつけで習慣化、そして自動化

いくら「清潔」でルール化しても、そのルールを守らなければ整理、整頓、清掃を続けることはできない。ルールを強制することが必要だ。これを「しつけ」という。

例えば、小さな子どもはおもちゃで遊んだ後、元に戻さずに使い放しにしてしまう。「片付けなさい」と叱られると、しぶしぶ片付ける。しかし翌日もまた、おもちゃが散乱している。そして、再び「片付けなさい」と叱られる。

こうしたことを繰り返しているうちに、何も言われなくても、遊び終わった瞬間に「片付けなさい」という言葉が頭に浮かんでくる。そうなると、子どもはおもちゃを片付けるようになる。これを「習慣化」という。

さらに、これを繰り返すうちに、頭に「片付けなさい」の言葉が浮かぶ前に、おもちゃを片付けるように体が動くようになる。これを「自動化」という。

つまり、しつけを繰り返すことで習慣化し、さらには自動化するわけだ。

話は変わるが、なぜ人は人をしつけるのだろうか。それは相手や仕事に対する愛情があるからだ。愛情があるからこそ、良い習慣を身に付けてほしいと願い、相手に厳しく接するわけだ。整理、整頓、清掃のルールを厳しく強制できない人は、一緒に働いている相手や仕事に対する愛情が足りないのではないか。相手や仕事に対する愛情こそが、しつけの原点だ。

また、しつけの対象は他人だけではない。自分に対してもしつけをする必要がある。ルールを守っていないことに自ら気付き、自分をする。

「いてての法則」をご存知だろうか。

おじぎを何回やっても体が柔らかくなることはない。何百回やっても同じことだ。

しかし、さらに深くおじぎをして「いてて（痛てて）」となるところまで体を曲げてみよう。それを繰り返すうちに身体が柔らかくなる。

つまり、日常的に「いてて」を自らに課す生き方をしている人は日々成長し、痛くなる前にやめている人は成長しない。

落ちているゴミを拾うこと、決まった場所に物を戻すこと、毎朝早く起きて清掃することは、全て「いてて」と言える。自らをしつけ、それを繰り返すことで成長することを忘れてはならない。

■定点撮影で5Sを徹底化

整理、整頓、清掃を習慣化する手法に定点撮影がある。同じ対象物に対して、同じカメラで、同じ位置から、同じ方向に、継続して撮影する手法だ。

撮影したものを1枚の紙に貼り出し、その改善点を書き出すことで、以下のことが分かるようになる。

①現状がどのように悪いか
②どれをどのように改善するか
③改善した結果はどうだったか
④その後はどのように変化しているか

図4. 定点観測状況　5Sは改善活動

改善策①
（どうする?）
要らない書類を捨てる

改善策②
（次にどうする?）
書類を分類してファイルにとじ込む

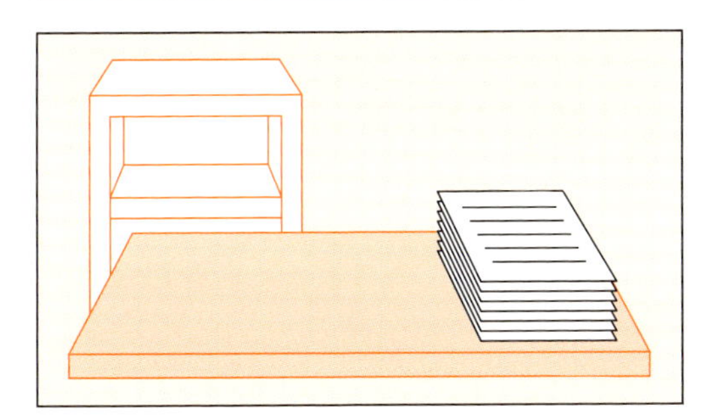

改善策③
（さらにどうする?）
ファイルの保管場所を決め、そこに移動させる

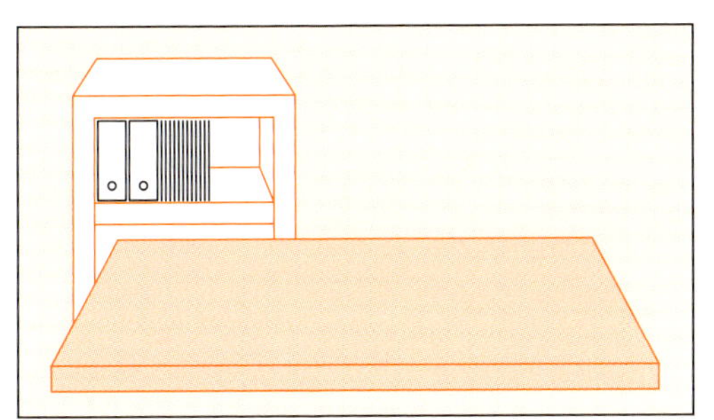

やり残したことは?
保管棚に書類名の表示を行い、保管期間も明示するようにする

4 材料要因

最後に、材料が原因となるムダについて説明しよう。ムダを省くには、材料管理も重要になってくる。

材料管理には3つの原則がある。
購買＝良いものを適切な時期に仕入れる
保管＝ムダなく、保管する
施工＝ロスなく、施工する

材料管理は「購買」と「保管」と「施工」の各段階で実施する。段階ごとに気を付けるべき内容を示す。

表1. 発注から納入までの所要日数

工事名		発注～承認(日)	製作～納入(日)
山留め	H形鋼 ロール品	5～15	30～60
杭	既製杭	5～10	30～45
鉄筋	SD295A、SD345	5～15	15～30
	SD390、高炉品	5～15	30～60
コンクリート	試し練りの場合	35～45	−
鉄骨		45～90	45～90
金属製建具	アルミ	30～60	45～60
	スチール	30～60	30～45
	カーテンウオール	30～60	60～90
ALC、PC	ALCパネル	30～60	30～45
	押し出し成型セメント板	30～60	40～50
	PCカーテンウオール	60～90	60～90
製作金物	階段手すり(スチール)	30～60	30～45
タイル	注文品	60～90	45～60
石		30～60	30～45
木	造作(材工一式)	45～90	30～45
製作家具		30～45	30～45
ユニットバス		30～60	45～60
設備、電気	盤、キュービクル	30～60	45～60
エレベーター		30～60	60～90

(1)購買段階のムダ：手配にかかる日数を逆算する

工程通りに現場作業を進めるには、材料や資材を計画的に手配しなければならない。材料や資材によっては、図面の作成を含めて発注から納入まで相当な期間が必要となる。工場加工があれば、その加工期間も踏まえなければならない。材料を輸入する場合は、さらに多くの期間が必要となる。

表1に、標準的な工事の主な注文品について、発注から納入までにかかる所要日数の目安を示す。

(2)保管段階のムダ：材料在庫を管理する

材料の在庫は、必要なときに必要な数量があればよい。

反対に、必要なときに必要な数量がなければ、工期遅延の原因となる。ただし、必要以上の在庫はコストでしかない。長期間保管していることで使用できなくなると、いざというときに使えない。

材料を保管する際の問題点とその解決法を以下にまとめる。

①新しく搬入したものから使用している
→先に入れた材料から使用できるような保管方法に変更する

②在庫量を正確に把握していないため、余分な数量を発注している
→月次で棚卸しをして、在庫量を正確に把握する

③保管方法が悪く、使用できなくなる（さびや劣化など）
→倉庫の温度や湿度を管理する

(3)施工段階のムダ：ロスをなくす

施工段階で材料を使いすぎるとロスになる。問題点と対策を次に示す。

①施工図と現地の相違が大きい

→現地を十分に把握し、正確な施工図を作成する

②図面通りに施工されていない
→ルート変更などを現場に任せず、施工管理者の許可を得るようにする

これまで、人的要因、機械的要因、方法要因、材料要因と大きく4つに分けて、ムダの省き方を解説した。ムダは工期短縮を妨げる大きな障害となるので、できるだけ排除するように心掛けよう。

第6章
工程管理のポイント④
マイルストーンで改善せよ

1 なぜ中間チェックが必要なのか

2 工期が遅れる理由とは

3 進捗率ではなく、あと何日？

4 月間・週間管理方法

5 日報管理方法

6 進捗確認方法

7 「余裕工程」を把握せよ

工期短縮の4つ目のポイントは、「マイルストーンで改善せよ」。常に「余裕工程」を把握し、日次と週次と月次で工期の進捗を確認。遅れていれば、第4章の「ムダの省き方」で紹介した手法を用いて、日間と週間と月間でリカバリーして、全体工程に影響が出ないようにする。

1 なぜ中間チェックが必要なのか

皆さんは日ごろ、工程の進捗を次のように確認しているのではないだろうか。

①工種別チェック

型枠工や鉄筋工など工種の区切りで、工程に遅れがないかをチェックする。工種の区切りは目で見て分かるのでチェックしやすいが、仮に遅れがあると手遅れになり、挽回できなくなる恐れがある。

②定期チェック

週次と月次で工程をチェックする。その日までの予定進捗率と実績進捗率を比較して遅れがないかをチェックする。週次でチェックすることで細かく確認できるが、予定進捗率と実績進捗率を正しく評価しなければ正確な確認にならない。

③日常チェック

工程を日々チェックする。毎日の予定進捗と実績との差を確認する。例えば、型枠を1日で10㎡組む予定に対して、実際に10㎡組めているのか、それとも9㎡しか組めていないのかを確認する。毎日の予定出来高を把握しながら施工することが重要だ。

④無管理

中間チェックをしないと、取り返しがつかなくなってから、ようやく解決策を練ることになり、遅れを取り戻せなくなる。

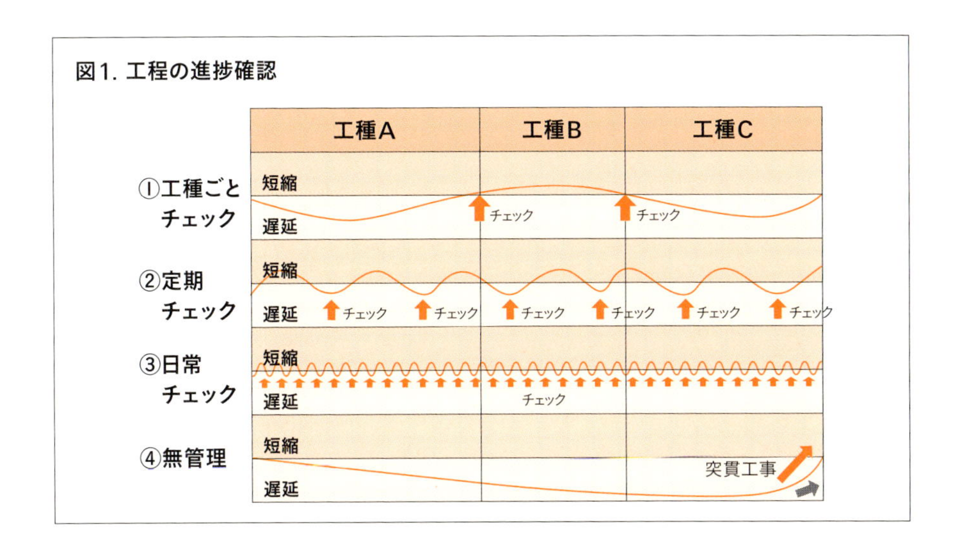

2 工期が遅れる理由とは

工期が遅れる理由について考えてみよう。大きくは、内的要因と外的要因に分かれる。

(1)内的要因

内的要因は、工期遅延の要因が自らにあることだ。主として、人的要因、設備要因、材料要因、方法要因に分けられる。

①人的要因

人手不足、能力不足、やる気不足

②設備要因

台数不足、能力不足、稼働時間不足

③材料要因

納期遅延、数量不足、不具合、施工ロス

④方法要因

手待ち、手戻り、手直し

図面作成の遅れ

官庁への申請書類の作成の遅れ

打ち合わせの不備によるトラブル

工程の見積もりの失敗

図面の不備や制作物の間違い

(2)外的要因

外的要因は、工期遅延の要因が自分以外の外部にあることだ。利害関係者の発注者や協力会社、近隣住民、自然環境などから影響を受ける。

①発注者要因

図面承認の遅れ

仕様決定の遅れ

制作期間の不足

発注の遅れ

監督側の段取りや指示のミス

②協力会社要因

人員不足、作業員の能力不足

材料納品の遅れ

③近隣住民要因

苦情

土地所有者とのトラブル

④その他

突発事故、自然災害、地中障害

3 進捗率ではなく、あと何日?

中間チェックの際に最も重要なことは、「残日数」の算出だ。残日数とは、工事が完成するまでにかかる残りの日数をいう。

これまでの進捗日数に残日数を加えると累計工期となる。

進捗日数+残日数=累計工期(見込み)

一方、「残工期」は竣工予定日までにあと何日残っているのかという日数だ。

残日数と残工期との間には3つの関係がある。

①残日数>残工期→工期が遅れている
②残日数=残工期→予定工期通り進んでいる
③残日数<残工期→予定工期より早く進んでいる

②と③の場合はよいが、①であれば改善が必要だ。残日数が残工期より長くなるのは、以下の3つの要因が考えられる。

・既に大幅に遅れており、挽回できない
・今後の手直しが予想されている
・数量の増加が見込まれる

早い段階で正確な残日数の予想ができれば、改善策を立てて、工期遅延を事前に防ぐことができる。残日数とともに重要なのが「余裕工程」だ。

余裕工程とは、作業が遅れても後工程や竣工予定日に影響しない日数だ。

・ある時点で、実施中の活動が「あと何日」かかるかを確認する
・余裕工程が「あと何日」あるかを監視する
・余裕工程の増減を監視し、その状況に応じて対策を講じる

■次の工事について、以下の質問に答えよ。

当初の工程表は以下の通り。

工種A 4日　　工種B 3日

工種Aは当初4日の予定だったが、1日遅れて5日かかってしまった。

【問1】

上司から「現在の工事の進捗率は?」と聞かれた。何%と答えればよいか。

【答1】

・工種Aは当初4日の工程だったので、4日÷7日×100＝57.1%

・全7日のうち工種Aが5日かかったので、5日÷7日×100＝71.4%

・1日遅れて全8日かかるので、5日÷8日×100＝62.5%

以上の3つの答えが考えられる。しかし、こうした答え方では工事が進んでいるのか、遅れているのかが分からない。

【問2】

上司から「あと何日かかる?」と聞かれた。何日と答えればよいか。

【答2】

あと3日だ。ここまで5日かかっているので、1日遅れていることが分かる。

以上のやり取りから、工事の進捗を正確に確認するには、「あと何日」がキーワードになることが分かる。

4 月間・週間管理方法

定期チェックの方法には、週次チェックと月次チェックがある。工程表の作成に当たってチェックすべきポイントを解説しよう。

(1)月間工程

全体工程表を基に、より詳細な月間工程表を作成する。

その際、月間工程表は3カ月の間隔で作成するとよい。

例えば、10月末に「11月、12月、1月の3カ月間の工程表」を作成し、11月末に「12月、1月、2月の3カ月間の工程表」を、12月末に「1月、2月、3月の3カ月間の工程表」をそれぞれ作成する。

そのうえで、工事の進捗状況や天候、協力会社の職人の手配の状況などを考慮し、月間工程表を毎月見直していく。前述の事例では、1月の月間工程表を10月と11月と12月の3回見直すことで、より現実的な工程表を作成することができる。

工程表の役割は、工程の進捗を確認するとともに、「工程管理の見える化」で情報を共有することだ。

実際に工事をするのは協力会社なので、工程表で職長に工程を理解してもらうことが重要だ。また、協力会社や関係者が他工種の状況を理解していない場合、手待ちや手戻り、手直しとなる可能性が高くなる。

さらに、「工程管理の見える化」により、協力会社が自社の工程が遅れた場合の後工程への影響を知ることができる。そして、「遅れてもよい工程」と「絶対に遅れてはいけない工程」を理解し、自主管理することができる。

月間工程表には、作業そのものであるハード工程に加えて、図面作成や図面承認、届け出などのソフト工程も書き入れておくと、書類作成の遅れによる工期遅延を防ぐことができる。

図1. 3カ月の月間工程表作成

4月	5月	6月

3カ月後を先読みする

5月	6月	7月

3カ月間の工程を見直す

(2)週間工程

週間工程表は、月間工程表に基づいて作成する。

週間工程表も月間工程表と同じように、3週間の間隔で作成するとよい。今週、来週、再来週の3週間の詳細工程を作成する。

週末に次の3週間の工程表を作成し、以下の確認をする。

・来週の工程の詳細を確認する
・翌週に現場に入る協力会社には、手配確認の電話を入れる
・3週間先に現場に入る協力会社には、現場の状況を伝えて、段取りを進めておいてもらう

協力会社と密なコミュニケーションを取り、一体となって工事を進めることが、工程管理では最も重要なことだ。

図2. 3週間の週間工程表作成

1週目	2週目	3週目

3週間後を先読みする

➡

2週目	3週目	4週目

3週間の工程を見直す

5 日報管理方法

進捗確認のタイミングは、工種の切れ目、月次、週次とあるが、最も重要なことは進捗を日々確認することだ。そのために、日報の作成は欠かせない。

日報では次の内容を記録して確認する。

1 予算算出根拠の確認＝「A実行予算書」
2 予算単価の確認＝「B実行予算単価」
3 工程算出根拠の確認＝「C予定工期」
4 当日の出面（労働者数）と使用材料と使用工具・機械の確認、当日の支出金額の算出（数量×実行予算単価）＝「D支出集計表」

5 出来高の算出（当日の出来高×実行予算単価）＝「E出来高算出表」
6 損益の算出（出来高－支出金額）＝「F損益計算表」
7 作業能率の算出と今後の予定（見込み）原価と工期の算出＝「G工程見込み表」

表1型枠工の作業日報を見てみよう。

①計画を確認する。「A実行予算書」で予定数量と使用機械を確認する。ここでは大工200人日、コンクリートパネル2000㎡など。

②「B実行予算単価」で単位数量当たりの単価を確認する。総金額を数量で除すと2900円/㎡となる。

③「C予定工期」で予定工期とその根拠となる歩掛かり（作業能率）を確認する。
5人で10㎡/人日の作業能率であることから、
予定工期は、
2000㎡÷（5人×10㎡/人日）＝40日

④当日の作業を確認する。作業終了後、「D支出集計表」に当日の出面（労働者数）、使用材料、使用工具・機械の確認を記載し、当日の支出金額を算出する。この日は大工5人とコンパネ45㎡を使用したので合計13万2300円。

⑤「E出来高算出表」でこの日の施工数量に単価を掛けた出来高を算出する。
出来高は、
45㎡×2900円/㎡＝13万500円
また、5人の大工で45㎡の型枠を組み立てたので、
45㎡÷5人＝9㎡/人日
作業能率は9㎡/人日となり、当初予定していた10㎡/人日を下回った。

⑥「F損益計算表」で損益を算出する。
出来高13万500円－支出金額13万2300円＝▲1800円

この日の作業が1800円の赤字であったことが分かる。

⑦「G工程見込み表」で今後の工期見込みを算出する。前日まで（5日間）の作業能率は8.8㎡/人日、当日（1日間）の作業能率は9㎡/人日だった。
残数量1735㎡をこれまで通り5人の大工で9㎡/人日とすれば、
1735㎡÷（5人×9㎡/人日）＝39日
となり、あと39日かかることになる。

当初工期は40日であることから、
6日間＋39日間＝45日
となり、5日の工期の遅れとなる見込みだ。

では、工期を間に合わせるにはどうすればよいだろうか。

表1. 型枠工の作業日報

●計画

1. 予算

A実行予算書
型枠工 2000㎡

内容	項目	数量	単位	単価	金額	備考
労務費	大工	200	人日	20,000	4,000,000	10㎡/人日
材料費	コンクリートパネル	2,000	㎡	400	800,000	6回 転用
機械費	機械、道具				200,000	
運搬費	ユニック				200,000	
経費					600,000	
計					5,800,000	

B実行予算単価

内容	項目	数量	単位	単価	金額	備考
	型枠工	2,000	㎡	2,900	5,800,000	

2. 実施工程

C予定工期

数量	目標作業能率	人数	必要日数	備考
2,000㎡	10㎡/人日	5人	40日	

●日報

型枠工

D支出集計表

内容	項目	数量	単位	単価	金額	備考
労務費	大工	5	人	20,000	100,000	
材料費	コンクリートパネル	45	㎡	400	18,000	
外注費					0	
機械費	道具	1	日	5,000	5,000	
運搬費	ユニック	1	台	9,300	9,300	燃料代込み
計					132,300	

E出来高算出表

工種	数量	単位	実行予算	出来高	作業能率
型枠工	45	㎡	2,900	130,500	9㎡/人日

F損益計算表

工種	出来高	原価	損益	備考
型枠工	130,500	132,300	▲1,800	

●今後の予定

G工程見込み表

	出来高	日数	人数	作業能率	備考
前日まで	220㎡	5日	5人	8.8㎡/人日	段取り不足のため
当日の実績	45㎡	1日	5人	9㎡/人日	
残数量	1735㎡	39日	5人	9㎡/人日	
計	2,000㎡	45日			5日遅延

工期短縮5つの手法を基に考えよう。

①【増やす】人や機械を増やすか大きくする

②【延ばす】作業時間を延ばす

③【並行】直列作業を並行作業に変更する

④【外部】現場の作業を外部の作業に変更する

⑤【省力化】省人化、活人化

①の「増やす」とは、大工の人数を増やすことだ。

大工の人数を増やして工期を間に合わせるには、

1735㎡÷(9㎡/人日×残日数34日)=5.7人≒6人

となり、6人を配置すればよい。

②の「延ばす」とは、大工が残業や休日出勤をして実働時間を増やすことだ。

1735㎡÷(9㎡/人日×5人×残日数34日)×8時間=9.07時間

つまり、1日8時間労働なら1日に1時間強の残業をすれば、工期に間に合うことになる。

③の「並行」とは、後工程の鉄筋組み作業を型枠工と同時並行で行うことで、工期遅延を防ぐことだ。

④の「外部」とは、型枠の加工を外部の工場で行うなどして現場の作業を減らす。そのことで、

1735㎡÷(5人×残日数34日)=10.2㎡/人日

となるようにする。

⑤の「省力化」ではコンパネと縦バタ、横バタを一体化するなど、型枠組み作業の効率化を図って省力化することで工期を短縮する。

このように、進捗を日々確認することで、その後の対策を迅速に行うことができ、工期を順守することができる。

表2クロス工の作業日報を見てみよう。

①計画の確認をする。「A実行予算書」で予定数量や使用機械を確認する。ここでは、クロス工40人日、クロス材料2000㎡など。

②「B実行予算単価」で単位数量当たりの単価を確認する。総金額を数量で除すと850円/㎡となる。

③「C予定工期」で予定工期とその根拠となる歩掛かり（作業能率）を確認する。
3人で50㎡/人日の作業能率であることから、
予定工期は、
2000㎡÷（3人×50㎡/人日）＝14日

④当日の作業の確認だ。作業終了後、「D支出集計表」に当日の出面（労働者数）、使用材料、使用工具・機械の確認を記載し、当日の支出金額を算出する。この日は、クロス工3人、クロス180㎡を使用したので、合計12万8300円となる。

⑤「E出来高算出表」で、この日の施工数量に単価を掛けて出来高を算出する。
出来高は、
180㎡×850円/㎡＝15万3000円
また、3人のクロス工で180㎡のクロスを貼り付けたので、
180㎡÷3人＝60㎡/人日
作業能率は60㎡/人日となり、当初予定していた50㎡/人日を上回った。

⑥「F損益計算表」で損益を計算すると、
出来高15万3000円－支出金額12万8300円＝2万4700円
となり、この日の作業は2万4700円の黒字であったことが分かる。

⑦「G工程見込み表」で今後の工期見込みを算出する。前日までの8日間の作業能率は58㎡/人日、当日（1日間）の作業能率は60㎡/人日だった。

残数量420㎡をこれまで通り3人のクロス工で60㎡/人日とすれば、
420㎡÷（3人×60㎡/人日）＝3日
となり、あと3日かかることになる。
当初工期は14日であるため、2日の工期短縮の見込みとなる。

では、当初予定通り14日工期で工事を進めるには、どうすればよいだろうか。
もしクロス工の人数を減らすとすれば、以下のようになる。
420㎡÷（60㎡/人日×5日）＝2人
となり、人数を3人から2人に減らすことが可能であることが分かる。

表2. クロス工の作業日報

●計画

1. 予算
A実行予算書
クロス　2000㎡

内容	項目	数量	単位	単価	金額	備考
労務費	クロス工	40	人日	20,000	800,000	50㎡/人日
材料費	クロス	2,000	㎡	300	600,000	
機械費	機械、道具				100,000	
運搬費	ユニック				100,000	
経費					100,000	
計					1,700,000	

B実行予算単価

内容	項目	数量	単位	単価	金額	備考
	クロス	2,000	㎡	850	1,700,000	

2. 実施工程
C予定工期

数量	目標作業能率	人数	必要日数	備考
2,000㎡	50㎡/人日	3人	14日	

●日報

クロス

D支出集計表

内容	項目	数量	単位	単価	金額	備考
労務費	クロス工	3	人	20,000	60,000	
材料費	クロス	180	㎡	300	54,000	
外注費					0	
機械費	道具	1	日	5,000	5,000	
運搬費	ユニック	1	台	9,300	9,300	燃料代込み
計					128,300	

E出来高算出表

工種	数量	単位	実行予算	出来高	作業能率
クロス	180	㎡	850	153,000	60㎡/人日

F損益計算表

工種	出来高	原価	損益	備考
クロス	153,000	128,300	24,700	

●今後の予定

G工程見込み表

	出来高	日数	人数	作業能率	備考
前日まで	1,400㎡	8日	3人	58㎡/人日	
当日の実績	180㎡	1日	3人	60㎡/人日	
残数量	420㎡	3日	3人	60㎡/人日	
計	2,000㎡	12日			2日短縮

表3の床掘り残土処理工の作業日報を見てみよう。

①計画を確認する。「A実行予算書」で予定数量や使用機械を確認する。この工事には床掘り（掘削）と基面整正、残土運搬の3つの工種がある。

②「B実行予算単価」で単位数量当たりの単価を確認する。総金額を施工延長で除すと1825円/mとなる。

③「C予定工期」で予定工期とその根拠となる歩掛かり（作業能率）を確認する。
5人で10m/人日の作業能率であることから、予定工期は、
400m÷50m/日＝8日
となる。

④当日の作業の確認。作業終了後、「D支出集計表」に当日の出面（労働者数）、使用材料、使用工具・機械の確認を記載し、当日の支出金額を算出する。
この日は、普通作業員3人、ダンプトラック（4t）1台、バックホー（0.2㎥）1台を使用したので、合計8万7000円となる。

⑤「E出来高算出表」でこの日の施工数量に単価を掛けて出来高を算出する。
出来高は、
50m×1825円/m＝9万1250円
となる。
また、作業能率は50m/日となり、当初予定通りだった。

⑥「F損益計算表」で損益を計算すると、
出来高9万1250円－支出金額8万7000円＝4250円
となり、この日の作業は4250円の黒字であったことが分かる。

⑦「G工程見込み表」で今後の工期見込みを算出する。
前日までの3日間の作業能率は40m/日、当日（1日間）の作業能率は50m/

日だった。

残数量230mをこれまでのことを勘案して作業能率45m/日とすれば、

230m÷45m/日＝5.1日≒5日

となり、あと5日かかることになる。

当初工期は8日であるため、1日の工期遅延の見込みとなる。

では、工期を間に合わせるには、どうすればよいだろうか。

工期短縮5つの手法を基に考えよう。

①【増やす】人や機械を増やすか大きくする

②【延ばす】作業時間を延ばす

③【並行】直列作業を並行作業に変更する

④【外部】現場の作業を外部の作業に変更する

⑤【省力化】省人化、活人化

①の「増やす」とは、作業員や機械の数を増やすことだ。

バックホーやダンプトラックの数を1台増やと、残日数は、

230m÷（45m/日×2）＝3日

となり、計7日で施工できるので、1日短縮できる。

ただし、バックホーの回送費が追加でかかり、原価アップとなる。

②の「延ばす」とは、残業や休日出勤をして実働時間を増やすことだ。

230m÷（45m/人日×残日数4日）×8時間＝10.2時間＝10時間12分

つまり、残り4日間は1日2時間半の残業をすれば間に合うことになる。

③の「並行」とは、床掘り（掘削）と基面整正の作業を同時並行で行うことで、作業能率を上げることだ。

ただしその場合、普通作業員の増員が必要だ。

230m÷4日＝56m/日

つまり、56m/日まで作業能率を上げる必要がある。

④の「外部」とは、作業の一部を外部の工場で行うなどして現場の作業を減らすことだ。

ただし、今回の工事では実施することができない。

⑤の「省力化」では、基面整正の際に治具を作成して効率化を図り、省力化することで工期を短縮する。

表3. 床掘り残土処理工の作業日報

●計画

1. 予算

A実行予算書

床掘り残土処理工　延長400m

内容	項目	数量	単位	単価	金額	備考
	床掘り(掘削)	800	㎥	500	400,000	
	基面整正	400	㎡	300	120,000	
	残土運搬	350	㎥	600	210,000	
計					730,000	

B実行予算単価

内容	項目	数量	単位	単価	金額	備考
	床掘り残土処理工	400	m	1,825	730,000	

2. 実施工程

C予定工期

数量	目標作業能率	人数	必要日数
400m	50m/日		8日

●日報

床掘り工
D支出集計表

内容	項目	数量	単位	単価	金額	備考
労務費	普通作業員	3	人	15,000	45,000	
外注費	4tダンプトラック	1	台	30,000	30,000	運転手込み
機械費	バックホー0.2㎥	1	台	12,000	12,000	燃料代込み
材料費					0	納品伝票
計					87,000	

E出来高算出表

工種	数量	単位	実行予算	出来高	作業能率
床掘り工	50	m	1,825	91,250	50m/日

F損益計算表

工種	出来高	原価	損益	備考
床掘り工	91,250	87,000	4,250	

●今後の予定

G工程見込み表

	出来高	日数	人数	作業能率	備考
前日まで	120m	3日		40m/日	段取り不足のため
当日の実績	50m	1日		50m/日	
残数量	230m	5日		45m/日	
計	400m	9日			1日遅延

実際の工事の局面で、工期に関する問題にどのように対応すればよいかを考えてみよう。

広さ1万7000m²のクロス工事を、1000円/m²で請け負った。全体は3つの工区に分かれている。それぞれ、A店舗棟6000m²、B住宅棟8000m²、Cオフィス棟3000m²で、施工条件が異なっている。

■A店舗棟

Q1　A店舗棟は施工面積が6000m²で、クロス工4人が実働15日間で2400m²を敷設した。工期を見ると、残りの日数は実働15日間しかない。応援を何人頼めばよいだろうか?

クロス工4人が15日で2400m²施工したので、作業能率は、

2400m²÷（4人×15日）＝40m²/人日

となる。

残数量は、

6000m²－2400m²＝3600m²

なので、残日数は以下のようになる。

3600m²÷（4人×40m²/人日）＝22.5日

残り15日なので8日（22.5日－15日＝7.5日）の工期遅延となる。

残り15日で施工するには、次のようになる。

3600m²÷（15日×40m²/人日）＝6人

つまり、応援2人を頼んで、6人で作業すれば間に合うことになる。

	出来高	日数	人数	作業能率
当日まで	2,400m²	15日	4人	40m²/人日
残数量	3,600m²	15日	6人	40m²/人日
計	6,000m²	30日		

■B住宅棟

Q2　B住宅棟は施工面積が8000㎡で、クロス工6人で作業をしている。工期は実働48日間で計画しているが、実働16日目で既に施工の60%が完了した。このままいくと、あと何日で完了するだろうか?

クロス工6人が実働16日目に60%完了したので、作業能率は、

8000㎡×0.6÷（16日×6人）＝50㎡/人日

となる。

残数量は、

8000㎡－4800㎡＝3200㎡

同じ作業能率で行うと、次のようになる

3200㎡÷（6人×50㎡/人日）＝10.7日≒11日

	出来高	日数	人数	作業能率
当日まで	4,800㎡	16日	6人	50㎡/人日
残数量	3,200㎡	11日	6人	50㎡/人日
計	8,000㎡	27日		

■工程調整

Q3　工期が遅れているA店舗棟へB住宅棟から応援を出すようにする。何人まで応援を出すことができるだろうか?

B住宅棟の残日数32日（48日－16日）で残数量3200㎡をこなせばよいので、必要な人工数は以下のようになる。

3200㎡÷（32日×50㎡/人日）＝2人

つまり、6人－2人＝4人

応援に4人まで出すことができる。

	出来高	日数	人数	作業能率
当日まで	4,800㎡	16日	6人	50㎡/人日
残数量	3,200㎡	32日	2人	50㎡/人日
計	8,000㎡	48日		

■Cオフィス棟

Q4　Cオフィス棟は施工面積3000㎡で、作業能率60㎡/人・日で施工できた。
　材料費・経費が500円/㎡、クロス工の労務費が1人当たり1万5000円とすれば、粗利益は何%確保できただろうか?
ただし、外注費はない。

A店舗棟とB住宅棟はともに、これまで通りの作業能率で最後まで完了できたとする。

3000㎡を作業能率60㎡/人日で施工できたので、総人工数は、
3000㎡÷60㎡/人日＝50人日
となる。

	出来高	作業能率	総人工数
Cオフィス棟	3,000㎡	60㎡/人日	50人日

A店舗棟の総人工数　6000㎡÷40㎡/人日＝150人日
B住宅棟の総人工数　8000㎡÷50㎡/人日＝160人日
Cオフィス棟の総人工数　3000㎡÷60㎡/人日＝50人日
従って、全体の総人工数は、
150＋160＋50＝360人日
となる。
総労務費は、
360人日×1万5000円＝540万円
となる。
材料費・経費は、

(6000＋8000＋3000) ㎡×500円/㎡＝850万円
合計は、
540万円＋850万円＝1390万円
となる。

内容	項目	数量	単位	単価	金額	備考
労務費	A店舗棟	150	人日	15,000	2,250,000	
	B住宅棟	160	人日	15,000	2,400,000	
	Cオフィス棟	50	人日	15,000	750,000	
材料費・経費		17,000	㎡	500	8,500,000	
合計					13,900,000	

請負金額は次のようになる。
1万7000㎡×1000円/㎡＝1700万円

工種	数量	単位	予算	出来高
クロス工	17,000	㎡	1,000	17,000,000

差し引き損益は、
1700万円－1390万円＝310万円
利益率は、
310万円÷1700万円×100＝18.2%

工種	請負金額	原価	損益	利益率
クロス工	17,000,000	13,900,000	3,100,000	18.2%

■粗利益確保策

Q5　粗利益率20%を目標としていた場合、クロス工1人当たり平均何㎡以上の敷設が必要だろうか？

請負金額は1700万円なので、粗利益率20%を確保するには、
原価を、
1700万円×(1－0.2)＝1360万円

とする必要がある。

工種	請負金額	原価	損益	利益率
クロス工	17,000,000	13,600,000	3,400,000	20%

材料費・経費は850万円なので、
労務費は、
1360万円－850万円＝510万円
となる。
労務単価は1万5000円なので、
必要総人工数は、
510万円÷1万5000円＝340人日
となる。

内容	項目	数量	単位	単価	金額	備考
労務費	A店舗棟	340	人日	15,000	5,100,000	
	B住宅棟		人日	15,000		
	Cオフィス棟		人日	15,000		
材料費・経費		17,000	㎡	500	8,500,000	
合計					13,600,000	

総数量1万7000㎡なので、
作業能率は、
1万7000㎡÷340人日＝50㎡/人日
とする必要がある。

工種	数量	人数	作業能率
クロス工	17,000㎡	340人日	50㎡/人日

■工程表作成

Q6　上記の追加工事としてクロス工事を請け負った。A店舗棟、B住宅棟、Cオフィス棟の作業能率はこれまでと同じ。それぞれの施工面積は、A店舗棟3200㎡、B住宅棟5000㎡、Cオフィス棟1800㎡。

A店舗棟とB住宅棟は同時に施工できるが、Cオフィス棟はA店舗棟とB住宅棟の両方が終わらないと施工できない。

毎週日曜日、隔週土曜日休日を考慮する。クロス工は延べ10人が作業できるが、A店舗棟は現場が狭いため、一度に5人しか作業できない。

上記条件を考慮して、工程表を作成せよ。

A店舗棟とB住宅棟を同時に施工し、5人ずつ配置すれば、次表のようにA店舗棟は16日、B住宅棟は18日（16＋2）かかる。

その後、Cオフィス棟に10人配置して作業すれば3日かかる。これを工程表に書き込むと図1のようになる。

	出来高	日数	人数	作業能率	備考
A店舗棟	3,200㎡	16日	5人	40㎡/日	80人日
B住宅棟	5,000㎡	16日	5人	50㎡/日	100人日
		2日	10人		
Cオフィス棟	1,800㎡	3日	10人	60㎡/日	30人日

図1. クロス工事の工程表

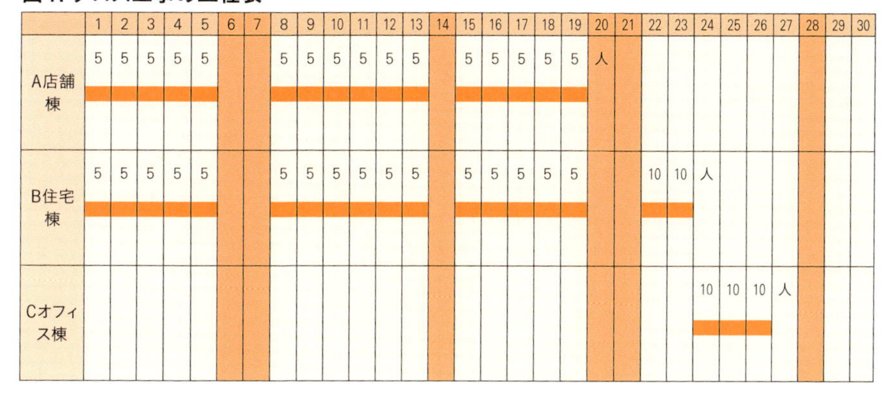

6 進捗確認方法

ここでは、どのようにして進捗を確認すればよいかを考えてみよう。

進捗確認は以下の手順で行う。

①「予定」と「実績」を照らし合わせ、差異を確認する。

予定日数と実績日数を確認するとともに、歩掛かり（作業能率）を確認する。

表1の型枠組み立て工では500㎡の数量を当初10人の大工が5日間で作業する予定だった（歩掛かり10㎡/人日）。だが、3日経過した時点で、大工8人で100㎡の型枠の組み立てを完了していたことが分かった（歩掛かり4.2㎡/人日）。

②「予定」と「実績」に差異がある場合、差異の原因を把握する。

表1. 型枠組み立て工

工程	予定						実績				
	数量	単位	日数(日)	人数(人/日)	歩掛かり	単位	数量	単位	日数(日)	人数(人/日)	歩掛かり
	①		②	③	①/(②×③)		④		⑤	⑥	④/(⑤×⑥)
準備工			3						3		
掘削	1000	m^3	5		200.0	m^3/台日	1200	m^3	5		240
足場組み立て	400	掛m^2	3	3	44.4	掛m^2/人日	100	掛m^2	1	3	33.3
型枠組み立て	500	m^2	5	10	10.0	m^2/人日	100	m^2	3	8	4.2
鉄筋組み立て	95	t	7	5	2.7	t/人日	30	t	3	6	1.7
コンクリート打設	1000	m^3	6		166.7	m^3/日	350	m^3	2		175
			29						17		

「予定」と「実績」を比較して、両者に差異がある場合、その原因を把握して改善につなげる。

表1の型枠組み立て工では、当初予定していた歩掛かり10㎡/人日を下回る4.2㎡/人日となっている。その原因は、異形型枠が多く、当初予定していたより2倍の手間がかかってしまったことだった。また、型枠数量が当初予定より50㎡増え、500㎡から550㎡となることが分かった。

③工期遅延原因を除去できるような対策を立案する。

ここまでの経過を踏まえ、「あと何日」かかるかを確認する。

表1の型枠組み立て工では、型枠を工場で加工し、大工を8人から10人に増員するという対策によって、歩掛かり（作業能率）4.2㎡/人日を6㎡/人日に改善できると考えた。その結果、「あと8日」となり、延べ11日かかると見込んだ。

			今後の見込み							
	単位	**予定との差異の原因**	**残数量**	**単位**	**人数(人/日)**	**想定歩掛かり**	**単位**	**あと何日(日)**	**合計**	**対策**
			⑦		⑧			⑨	⑤+⑨	
								0	3	
	m^3/日							0	5	
	掛m^2/人日	職人の能力が低いため、進捗が遅い	300	掛m^2	4	35	掛m^2/人日	2	3	職人の1人増員を協力会社に依頼する
	m^2/人日	異形型枠が多く、手間が2倍かかっている	450	m^2	10	6	m^2/人日	8	11	型枠を工場加工する 8人から10人に増員する
	t/人日	当初予定が甘かった（鉄筋の組立てが複雑）	70	t	8	2	t/人日	4	7	鉄筋工を6人から8人に増員する
	m^3/日	問題ないが、今後天候悪化の恐れがある	650	m^3		175	m^3/日	4	6	ポンプ車を2台配置する
								18	35	

7 「余裕工程」を把握せよ

施工管理技術者が「余裕工程」を把握することで、早期に工期遅延に気付き、遅れを挽回することができる。

「現場はいつも雨」など、協力会社は不測の事態に備えて、余裕をみて工程を考えているものだ（図1参照）。その余裕を施工管理技術者が把握するために、できるかできないかフィフティー・フィフティー（50:50）の「絶対工程」を算出し、その日数を目指して工事を進めることを現場に要求する。

絶対工程を要求すると、現場はその工期で終わらせるには何をすればよいかを必死になって考えるので、効率的な作業となる。

協力会社が持っていた余裕工程の合計30日（図2）は、全て施工管理技術者が管理する（図3）。

現場が始まり、着工10日後に20日間工期が遅れることが判明したとしよう（図4）。

三流の施工管理技術者は「100日の工期のうち、まだ90日残っている。工事は始まったばかりなので、90日の日程のどこかで何とかできる」と考える。

一方で、一流の施工管理技術者は「工事の初期なのに、余裕工程30日のうち、既に20日を使い切ってしまい、あと10日しか残っていない」と危機感を抱く。そして、早い段階で突貫工事に切り替える。

このように、早い段階で工事全体の余裕工程が減っていることに気付くことで、竣工予定日に遅れないような工程管理をすることができる。

図1. 当初工程

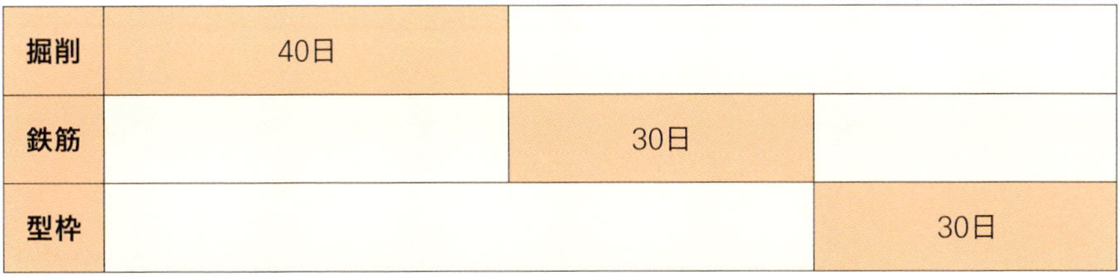

掘削	40日		
鉄筋		30日	
型枠			30日

図2. 現場の余裕工程を算出

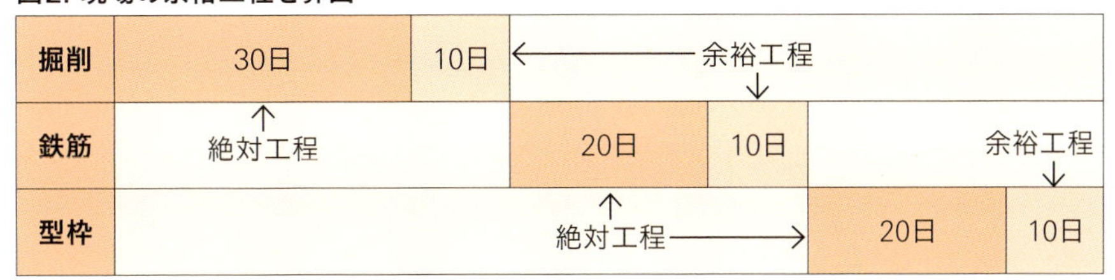

図3. 現場の余裕工程を最後に集める

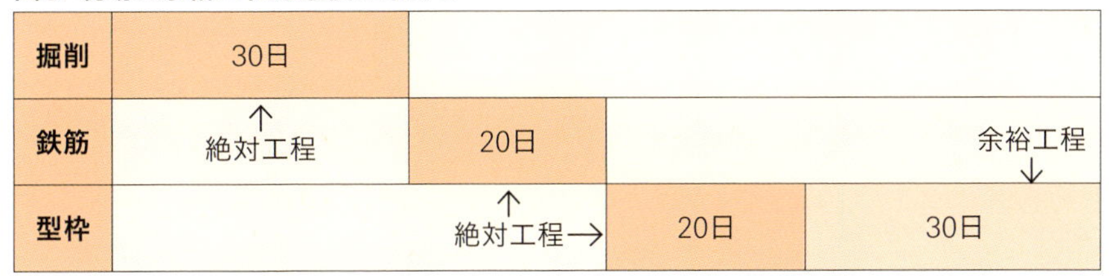

図4. 問題発生時

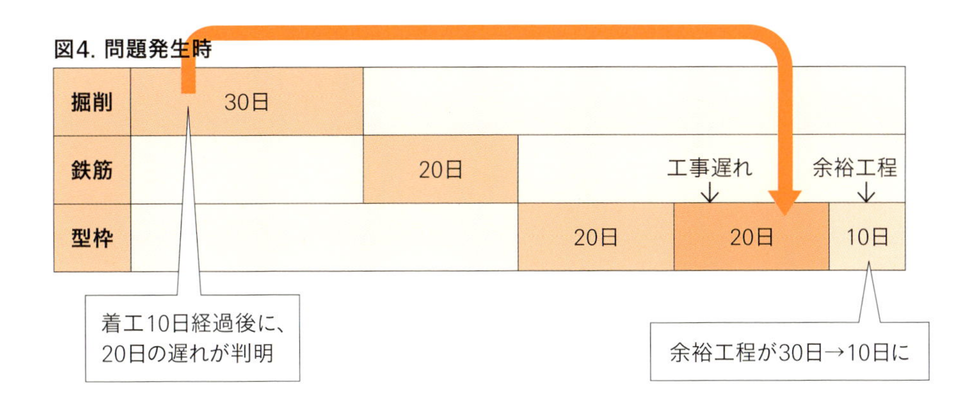

第7章
工程管理のポイント⑤
来た道を振り返れ

1 実績工程表の作成

2 実績をまとめる

3 歩掛かりのまとめ方

4 工程管理で工事成績を上げる

5つ目のポイントは「来た道を振り返れ」。工事が完了したら、それで終わりというわけではない。「施工方法に問題がなかったか」、「工事中にムダがなかったか」、「工程歩掛かりが想定通りだったか」と、これまでの道のりを振り返り、反省点をまとめ、次の人にデータを残すまでが仕事だ。

1 実績工程表の作成

工事が終わった後、実績工程表を作成することも大切な仕事だ。実績工程表があれば、次の案件の工程表を作成するときの参考にすることができる。

そうすることで、工事の反省を踏まえて、次の工事の工程計画に役立てることができる。それを繰り返すことで、当初工程表の精度が良くなる。

それだけではない。現場経験年数が積み上がってきたとき、実績工程表を継続して作成しているか否かで、施工ノウハウの蓄積の差が大きくなる。自分自身が経験した工事の実績工程表を再び見直せば、当時の施工状況が映像として頭に浮かぶだろう。その後の工事に実績データを応用しやすくなる。

実績工程表に記載するのは次の項目だ。

①実績工程
② 手順
③ 作業量
④ 実績工数
⑤ 実績日数
⑥ 重点ポイント

これらを工程表に書き込むことで、歩掛かり（作業能率）などの実績データを把握することができる。以下、まとめ方のポイントを解説する。

2 実績をまとめる

工事が終わった後、最初に工種ごとの作業日数、作業員数、使用機械、作業手順を整理する。

また、装置や設備など外部の工場で製作したものについては、その工場に出かけて行って製作工程を調査することも必要だ。

そのうえで、以下のような分析をする。

①過去に手掛けた同種工事の工程と比較する

②他の協力会社や工事担当者が手掛けた工事の工程と比較する

③ 同業他社の工程と比較する

④「建設物価」など公表されている工程データと比較する

3 歩掛かりのまとめ方

実績を調査しただけでは、今後の工事に役立てることはできない。データを標準化して歩掛かりとしてまとめることで、次の工事に利用することができる。

例えば、ボックスカルバート工事を基に、工事終了後の歩掛かりをまとめてみよう。

この工事には本体工として鉄筋工と型枠工とコンクリート工、仮設工として足場工と支保工がある。

①受注当初の条件をまとめる（表1 設計書）

②当初の実行予算をまとめる（表2 実行予算書）

③それぞれの工種に対して、過去の実績を基に予定工程歩掛かりを算出する（表3 工程管理表）

鉄筋工は0.5t/人日、型枠工は6.5㎡/人日、コンクリート工は3㎥/人日、足場工は10掛㎡/人日、支保工6空㎥/人日

④その予定工程歩掛かりと数量を基に、
数量÷工程歩掛かり＝予定総人工数
の計算式で総人工数を算出し、当初工程表をまとめる（表4 当初工程表）

⑤協力会社への発注実績をまとめる（表5 注文単価表）

ここまでが施工前に計画したもの。
ここからが実績を集計したものだ。

⑥施工状況をまとめる。（表6 施工状況）
ほぼ計画通り施工できた工種もあれば、計画通りではなかった工種もあることが分かる

⑦施工状況を数値化したものが、表7実施工程表と出面集計表だ。
これは実際の施工の工程と出面をまとめたもので、工期が2日遅れたことが分かる

⑧表8 掛かり高表に、実際にかかった原価を集計する
鉄筋工と型枠工の組み立て労務は外注して、当初契約通りに支払った

⑨表9 原価管理表には受注金額と実行予算、実績原価を記し、それらを比較する

⑩表10 工期管理表には、当初予定工期と実績工期との対比を記載する

受注金額289万8205円、実行予算278万1956円に対して、原価273万1625円となった。工種ごとに利益にばらつきはあるものの、当初は4%を予定していた利益が最終的に6%に増えたことが分かる

一方、表10 工期管理表によると、総人工数は58人日から67人日と増加している。特に、鉄筋工と型枠工の工程歩掛かりが当初予定より低下している（鉄筋工は0.50 t/人日から0.35t/人日へ、型枠工は6.5㎡/人日から5.4㎡/人日へ、それぞれ低下）

⑪外注費の妥当性を確認する

ここでは、外注費（鉄筋工と型枠工）について、表11・表12 外注歩掛かり管理表を使って、外注先の作業能率を算出した。

その結果、鉄筋工は6万5000円/tで外注したが、実際には7万6137円/tかかっており、赤字になっている恐れがあることが判明した。

また、型枠工は7500円/㎡で外注したが、6834円/㎡で施工できていることが判明した。

つまり今後、鉄筋工は外注単価を上げるか、施工方法を工夫しなければならない。また、型枠工では外注単価を下げられることが分かった。

以上のようなステップを経て工事実績を集計することで、工程や原価という観点から工事の問題点が明確になり、それらを今後の工事に生かすことができる。

表1. 設計書

種別	細別	規格	数量	単位	単価	金額
本体工	鉄筋工	D13	0.61	t	135,000	82,350
		D19	2.9	t	135,000	391,500
	型枠工		130.33	㎡	8,500	1,107,805
	コンクリート工		49.4	㎥	18,000	889,200
仮設工	足場工		79	掛㎡	3,000	237,000
	支保工		40.5	空㎥	4,700	190,350
合計						2,898,205

表2. 実行予算書

種別	細別	規格	数量	単位	単価	金額
本体工	鉄筋工		3.51	t	130,000	456,300
	型枠工		130.33	㎡	8,200	1,068,706
	コンクリート工		51.6	㎥	17,000	877,200
仮設工	足場工		79	掛㎡	2,500	197,500
	支保工		40.5	空㎥	4,500	182,250
合計						2,781,956

表4. 当初工程表

			1	2	3	4	5	6	7	8	9	10	11	12	13	14	15	
			月	火	水	木	金	土	日	月	火	水	木	金	土	日	月	
①足場組立			組立															
②支保工組立												組立						
③鉄筋組立																		
④型枠組立																		
⑤コンクリート打設							打設	養生										
出面集計表																		
			①				③	③				②						
とび・土工	世話役	人	1				1					1						
	とび	人	2				2					2						
	普通作業員	人	2				2	1				1						
	計		5				5	1				4						
コンクリートポンプ車		h					2											
クレーン(15t)		日	0.5							0.5							0.5	
鉄筋工	鉄筋工	人		1	1												1	
	普通作業員	人		2	1												1	
型枠工	大工	人				2				2	2		2	2				
	普通作業員	人				1				1	1		1					

表3. 工期管理表

	細別	数量	予定工程歩掛かり	単位	予定総人工数
本体工	鉄筋工	3.51	0.5	t/人日	7
	型枠工	130.33	6.5	㎡/人日	20
	コンクリート工	49.4	3.0	㎥/人日	16
仮設工	足場工	79	10.0	掛㎡/人日	8
	支保工	40.5	6.0	空㎥/人日	7

	16	17	18	19	20	21	22	23	24	25	26	27	28	29	30	計		
	火	水	木	金	土	日	月	火	水	木	金	土	日	月	火			
							解体											
								解体										
		打設	養生		Pコン				Pコン									
		③	③		③		①	②	③							①足場工	②支保工	③コンクリート工
		1					1	1								2	2	2
		3					1	1								3	3	5
		3	1		1		1	1	1							3	2	9
		7	1		1		3	3	1							8	7	16
		5														7		
								0.5								2		
																3		
																4		
	2			2				2									16	
																	4	

表5. 注文単価表

区分			単位	単価
とび、土工	労務費	世話役	人日	25,000
		とび	人日	20,000
		普通作業員	人日	15,000
コンクリート工	材料費	生コンクリート	㎥	9,500
足場材	材料費	損料	日	1,200
型枠工	外注費		㎡	7,500
支保工	材料費	損料	日	1,200
鉄筋工	材料費	D13	t	50,000
		D19	t	50,000
	外注費		t	65,000
機械費	コンクリートポンプ車		h	14,000
	クレーン(15t)		日	50,000

表7. 実施工程表、出面集計表

			1	2	3	4	5	6	7	8	9	10	11	12	13	14	15
			月	火	水	木	金	土	日	月	火	水	木	金	土	日	月
①足場組立			組立														
②支保工組立												組立					
③鉄筋組立																	
④型枠組立																	
⑤コンクリート打設							打設	養生									
出面集計表																	
			①				③	③				②					
とび・土工	世話役	人	1				1					1					
	とび	人	2				2					2					
	普通作業員	人	2				2	1				1					
	計		5				5	1				4					
コンクリートポンプ車		h					2										
クレーン(15t)		日	0.5							0.5							0.5
鉄筋工	鉄筋工	人		2	1												2
	普通作業員	人		1	1												1
型枠工	大工	人				2				2	2		2	2			
	普通作業員	人				1				1	1		1	1			

表6. 施工状況

種別	細別	
本体工	鉄筋工	材料は元請けがロスを考慮してD13(0.7t)とD19(3.0t)を購入。鉄筋組み作業は、協力会社に外注。作業に手間取り、予定総人工数7人日が10人日に増加した。その結果、工期が1日遅れた
	型枠工	材工一式で協力会社に外注。作業に手戻りがあり、予定総人工数20人日が24人日に増加した。その結果、工期が1日遅れた
	コンクリート工	コンクリートポンプ車とコンクリートは元請けが購入。打設数量は設計49.4㎥に対して50㎥となった。打設、養生、Pコン処理作業は直用作業員が実施
仮設工	足場工	足場組み立て作業は、直用作業員が実施。作業に手間取り、予定総人工数8人日が9人日に増加した。足場材料は、損料計算(組み立て日から解体日)。足場材料使用日は22日から24日に増加
	支保工	支保工組み立て作業は、直用作業員が実施。作業に手間取り、予定総人工数7人日が8人日に増加した。支保工材料は、損料計算(組み立て日から解体日)。足場材料使用日は14日から16日に増加

	16	17	18	19	20	21	22	23	24	25	26	27	28	29	30	計		
	火	水	木	金	土	日	月	火	水	木	金	土	日	月	火			
									解体									
										解体								
				打設	養生			Pコン			Pコン							
				③	③			③	①	②	③					①足場工	②支保工	③コンクリート工
				1					1	1						2	2	2
				3					2	2						4	4	5
				3	1			1	1	1	1					3	2	9
				7	1			1	4	4	1					9	8	16
				5												7		
										0.5						2		
	1															6		
	1															4		
		2	2				2			2						18		
		1														6		

表8. 掛かり高表

			単位	単価	
本体	鉄筋	材料D13	t	50,000	
		材料D19	t	50,000	
		労務費	t	65,000	
		クレーン	日	50,000	
		小計			
	型枠	材工	㎡	7,500	
		クレーン	日	50,000	
		小計			
	コンクリート工	労務費世話役	人日	25,000	
		労務費とび	人日	20,000	
		労務費普通作業員	人日	15,000	
		生コンクリート	㎥	9,500	
		コンクリートポンプ車	h	14,000	
		小計			
仮設工	足場工	労務費世話役	人日	25,000	
		労務費とび	人日	20,000	
		労務費普通作業員	人日	15,000	
		足場損料	日	1,200	
		クレーン	日	50,000	
		小計			
	支保工	労務費世話役	人日	25,000	
		労務費とび	人日	20,000	
		労務費普通作業員	人日	15,000	
		支保工損料	日	1,200	
		クレーン	日	50,000	
		小計			

	数量	金額
	0.7	35,000
	3	150,000
	3.51	228,150
	0.5	25,000
		438,150
	130.33	977,475
	0.5	25,000
		1,002,475
	2	50,000
	5	100,000
	9	135,000
	50	475,000
	7	98,000
		858,000
	2	50,000
	4	80,000
	3	45,000
	24	28,800
	0.5	25,000
		228,800
	2	50,000
	4	80,000
	2	30,000
	16	19,200
	0.5	25,000
		204,200

表9. 原価管理表

	細別	受注金額				実行予算		
		数量	受注単価	単位	①金額	数量	実行予算単価	
本体工	鉄筋工	3.51	135,000	円/t	473,850	3.51	130,000	
	型枠工	130.33	8,500	円/m²	1,107,805	130.33	8,200	
	コンクリート工	49.4	18,000	円/m³	889,200	51.6	17,000	
仮設工	足場工	79	3,000	円/掛m²	237,000	79	2,500	
	支保工	40.5	4,700	円/空m³	190,350	40.5	4,500	
合計					2,898,205			

表10. 工期管理表

	細別	数量	予定工期			
			総人工数	単位	工程歩掛かり	
本体工	鉄筋工	3.51	7	人日	0.5	
	型枠工	130.33	20	人日	6.5	
	コンクリート工	49.4	16	人日	3.0	
仮設工	足場工	79	8	人日	10.0	
	支保工	40.5	7	人日	6.0	
計			58			

			実績原価				実績利益率
単位	②金額	当初利益率 1−②/①	③実績原価	原価（単価）	単位	原価率 ③/②	1−③/①
円/t	456,300	0.04	438,150	124,829	円/t	0.960	0.08
円/m^2	1,068,706	0.04	1,002,475	7,692	円/m^2	0.938	0.10
円/m^3	877,200	0.01	858,000	17,368	円/m^3	0.978	0.04
円/掛m^2	197,500	0.17	228,800	2,896	円/掛m^2	1.158	0.03
円/空m^3	182,250	0.04	204,200	5,042	円/空m^3	1.120	-0.07
	2,781,956	0.04	2,731,625			0.982	0.06

	実績工期			
単位	総人工数	単位	工程歩掛かり	単位
t/人日	10	人日	0.35	t/人日
m^2/人日	24	人日	5.4	m^2/人日
m^3/人日	16	人日	3.1	m^3/人日
掛m^2/人日	9	人日	8.8	掛m^2/人日
空m^3/人日	8	人日	5.1	空m^3/人日
	67			

表11. 鉄筋工　歩掛かり管理表

工種	内容	数量	単位	単価	金額	外注先	
鉄筋工	ボックスカルバート	3.51	t	65,000	228,150	●●組	

表12. 型枠工　歩掛かり管理表

工種	内容	数量	単位	単価	金額	外注先	
型枠工	ボックスカルバート	130.33	㎡	7,500	977,475	●●組	

区分	内容	数量	単位	単価	金額
労務費	鉄筋工	6	人日	25,000	150,000
	普通作業員	4	人日	15,000	60,000
材料費	結束線	17	kg	200	3,400
機械費	ユニック	1	日	9,300	9,300
小計					222,700
協力会社経費	20%				44,540
合計					267,240
単価	合計÷3.51t				76,137

区分	内容	数量	単位	単価	金額
労務費	大工	18	人日	25,000	450,000
	普通作業員	6	人日	15,000	90,000
材料費	コンパネ(3回転用)	140	m²	1,000	140,000
	セパレーター300mm	53	個	20	1,060
	単管　L5m	40	本	80	3,200
	金具	106	個	20	2,120
機械費	ユニック	6	日	9,300	55,800
小計					742,180
協力会社経費	20%				148,436
合計					890,616
単価	合計÷130.33m²				6,834

4 工程管理で工事成績を上げる

公共工事では、発注者が工事終了後に「工事成績評定」を行い、工事結果を評価する。受注者が高い評定点を獲得すると、今後の工事の入札で受注に有利になる「総合評価方式」を採用している自治体もある。

土木工事

<table>
<tr><th colspan="2">評定基準</th><th>対策</th></tr>
<tr><td colspan="3">「施工プロセス」のチェックリストのうち、工程管理について指示事項がない</td></tr>
<tr><td rowspan="3">施工プロセスチェックリスト</td><td>フォローアップなどを実施し、工程の管理を行っている（施工時適宜）</td><td>第6章「マイルストーンで改善せよ」の月次・週次・日次チェックを実施する。</td></tr>
<tr><td>現場条件変更への対応、地元調整を積極的に行い、その結果を書類で提出した（施工時適宜）</td><td>第6章「マイルストーンで改善せよ」のチェック後の改善処置を実施する</td></tr>
<tr><td>作業員の休日を確保した記録が整理されている（施工時適宜）</td><td>第4章「行き方を変えよ」のVE手法と、第3章「旗を立てよ」の「工期短縮5つの手法」を活用し、作業の効率化を図り、休日を確保する</td></tr>
<tr><td colspan="2">工程に与える要因を的確に把握し、それらを反映した工程表を作成している</td><td>第3章「旗を立てよ」の手順で工程表を作成する</td></tr>
<tr><td colspan="2">実施工程表の作成とフォローアップを行い、適切に工程を管理している</td><td>第6章「マイルストーンで改善せよ」の月次・週次・日次チェックを実施する</td></tr>
<tr><td colspan="2">現場条件の変化への対応が迅速で、施工の停滞が見られない</td><td>第6章「マイルストーンで改善せよ」で進捗をチェックし、第3章「旗を立てよ」の「工期短縮5つの手法」を実践する。
第5章「ムダを省け」を実践して工期遅延を防いでいる</td></tr>
<tr><td colspan="2">時間制限や片側交互通行などの各種制約への対応が適切で、大きな工程の遅れがない</td><td>第6章「マイルストーンで改善せよ」で進捗をチェックし、第3章「旗を立てよ」の「工期短縮5つの手法」を実践する。
第5章「ムダを省け」を実践して工期遅延を防いでいる</td></tr>
<tr><td colspan="2">工事の進捗を早めるための取り組みを行っている</td><td>第3章「旗を立てよ」の「工期短縮5つの手法」を実践している</td></tr>
<tr><td colspan="2">適切な工程管理を行い、工程の遅れがない</td><td>第6章「マイルストーンで改善せよ」で進捗をチェックし、第3章「旗を立てよ」の「工期短縮5つの手法」を実践する。
第5章「ムダを省け」を実践して工期遅延を防いでいる</td></tr>
<tr><td colspan="2">休日を確保している</td><td>第4章「行き方を変えよ」のVE手法と、第3章「旗を立てよ」の「工期短縮5つの手法」を活用し、作業の効率化を図り、休日を確保する</td></tr>
<tr><td colspan="2">計画工程以外の時間外作業がほとんどない</td><td>第4章「行き方を変えよ」のVE手法と、第3章「旗を立てよ」の「工期短縮5つの手法」を活用し、作業の効率化を図る</td></tr>
</table>

国土交通省地方整備局の工事成績評定実施要領に記載のある「工程管理」という項目について、発注者が土木工事と建築工事でそれぞれどのような基準で評定点を付けているのかをまとめた。

基本的には、第2章から第7章までに説明した「工程管理5つのポイント」と第2章で述べた「工期短縮5つの手法」を実践すれば、高い評定点を獲得できるはずだ。

今後の受注が工程管理に左右されることがよく分かるだろう。

建築工事

<table>
<tr><th colspan="2">評定基準</th><th>対策</th></tr>
<tr><td colspan="2">実施工程表を工事着手前に提出し、関連工事との調整も適切に行っている</td><td>第3章「旗を立てよ」の手順で工程表を作成する</td></tr>
<tr><td colspan="2">現場の工程管理を詳細工程表やパソコンなどを用いて、日常的に把握している</td><td>第6章「マイルストーンで改善せよ」の日報による日次チェックを実践する</td></tr>
<tr><td colspan="2">請負者の責任で工程のフォローアップを行い、関連工事や入居官署などに影響する工程の遅れがない</td><td>第6章「マイルストーンで改善せよ」で進捗をチェックし、第3章「旗を立てよ」の「工期短縮5つの手法」を実践する。
第5章「ムダを省け」を実践して工期遅延を防いでいる</td></tr>
<tr><td colspan="2">現場または施工条件の変更への対応が積極的で、処理が速い</td><td>第6章「マイルストーンで改善せよ」で進捗をチェックし、第3章「旗を立てよ」の「工期短縮5つの手法」を実践する</td></tr>
<tr><td colspan="2">工程に関する各種制約などがあるにもかかわらず、工期内にスムーズに作業を行っている</td><td>第6章「マイルストーンで改善せよ」で進捗をチェックし、第3章「旗を立てよ」の「工期短縮5つの手法」を実践する</td></tr>
<tr><td colspan="2">請負者の責任で夜間や休日に作業をしない</td><td>第4章「行き方を変えよ」のVE手法と、第3章「旗を立てよ」の「工期短縮5つの手法」を活用し、作業の効率化を図り、休日を確保する</td></tr>
<tr><td colspan="2">休日や代休を確保している</td><td>第4章「行き方を変えよ」のVE手法と、第3章「旗を立てよ」の「工期短縮5つの手法」を活用し、作業の効率化を図り、休日を確保する</td></tr>
<tr><td colspan="2">近隣住民（入居官署などを含む）との調整を積極的に行い、円滑な工事の進捗を行っている</td><td>第6章「マイルストーンで改善せよ」で進捗をチェックし、第3章「旗を立てよ」の「工期短縮5つの手法」を実践する</td></tr>
<tr><td colspan="3">「施工プロセス」チェックリストの指示事項がない。または、指示事項に対する改善を速やかに実施している</td></tr>
<tr><td rowspan="2">施工プロセスチェックリスト</td><td>施工前に各種工程表を提出している（着手前、施工中適宜）</td><td>第3章「旗を立てよ」の手順で工程表を作成する</td></tr>
<tr><td>工程の把握に努め、必要に応じ、フォローアップを行っている（施工中適宜）</td><td>第6章「マイルストーンで改善せよ」の月次・週次・日次チェックを実践する</td></tr>
</table>

第8章

一流技術者の時間管理術

1 時間の使い方の問題点を見つける

2 「誰がどのようにやるか」で仕事の仕方が変わる

3 自分の時間の使い方を振り返り、改善する

1 時間の使い方の問題点を見つける

工程管理をしっかりやって工期短縮を図るには、工事担当者が時間をうまく管理できなければならない。

皆さんは時間をうまく管理できているだろうか。

次のチェックシートで、時間の使い方を確認してほしい。

時間の使い方の癖を知ったうえで、対策を立てることが重要だ。

■自己チェックシート

非常に当てはまる＝1、当てはまる＝2、何とも言えない＝3、
当てはまらない＝4、全く当てはまらない＝5

①スケジュールの立て方	相手との約束は管理しているが、自分の予定は管理していない	
	自分1人でやる仕事はいつも後回しだ	
	自分の時間がいつも足りないと思う	
	仕事を始めるときに必要な時間を事前に考えない	
	いつも期限中心に仕事を組み立てる	
	合計	
②仕事の取り組み方	仕事の満足感は期限を守れたときに得られる	
	時間が足りなくなると、その場しのぎになる	
	一生懸命に努力している割には成果が出ない	
	仕事を始めるときに理由や目的を事前に考えない	
	期限を守るために仕事の中身が薄くなることがある	
	合計	
③優先順位を決める能力	予定通り、目標通り仕事が進むことはまれだ	
	目標はいつも現実離れしている	
	やることが多くなると、目先の仕事や簡単な仕事から着手する	
	他人からの仕事をついつい優先している	
	重要な仕事はいつも後回しになっている	
	合計	

④コミュニケーション能力	相手の話を聞くときに相手の意見や指示を理解できないことが多い	
	相手に話すときに自分の意見や指示がなかなか相手に伝わらない	
	書類を読むときに一字一句丁寧に読まなければ気が済まない	
	書類を書くときに考えていることを全て均等に書く	
	仕事上のコミュニケーションに不安がある	
	合計	
⑤リーダーシップ能力	複数の人間で同じ仕事を行い、ムダになることがある	
	同じ仕事に複数の指示や命令を頻繁に出している	
	リーダーからの指示が曖昧なことが多い	
	チームでの自分の役割が明確でない	
	責任の割に権限がない	
	合計	
⑥チームワーク	上司や会社の方針が分からないことがある	
	チームで仕事をするときに、メンバーが十分納得していないのにスタートする	
	意見を調整するのに十分な時間を取っているとは言えない	
	チームで仕事をするより自分1人の方がやりやすい	
	チーム会議はいつもリーダーの独り舞台だ	
	合計	
⑦チームの専門知識・技能	担当業務の専門知識が十分とは言えない	
	他部門との仕事の調整でいつももめる	
	他部門がやるべき仕事を随分やっている	
	業務のノウハウの蓄積が不十分だ	
	誰がやるのか、どの部門がやるのか、不明な仕事が多い	
	合計	
⑧業務遂行環境（職場のルール）	判断や意思決定が遅く、なかなか実務に入れない	
	ルールや規範、手続きが厳しく、各自の裁量で仕事ができない	
	顧客ニーズに応えようと思うと、社内基準が壁になる	
	各自の判断や意思決定と社内基準などを調整する担当が不在だ	
	各自の判断や意思決定を尊重し、社内基準を緩和すべきだと思う	
	合計	

次に、表① ～⑧の各セクションの合計を、以下の「タイムマネジメント分析」にプロットしよう。10点以下のセクションは自分のタイムマネジメントに問題があると言える。

■タイムマネジメント分析

25								
20								
15								
10								
5								
0								
	①スケジュールの立て方	②仕事の取り組み方	③優先順位を決める能力	④コミュニケーション能力	⑤リーダーシップ能力	⑥チームワーク	⑦チームの専門知識・技能	⑧業務遂行環境（職場のルール）
	個人の能力				組織力			

①～④の点数が低い人は個人の能力に課題があり、⑤～⑧の点数が低い人は所属している組織に課題がある。

①「スケジュールの立て方」の点数が低い場合は、自分自身のスケジュールの立て方にムダがある。まず計画を立ててから、仕事を始めるようにしよう。

②「仕事の取り組み方」の点数が低い場合は、仕事そのものに取り組む姿勢に課題がある。
時間を守ることを優先するあまりに仕事の品質が下がり、いわゆるやっつけ仕事になっている可能性がある。
やっつけ仕事とは、急場の用に間に合わせるために急いでするその場限りの仕事、いい加減な仕事、雑な仕事をいう。
仕事の質を守るために、必要な時間を見積もり、それを相手に伝えたうえで、仕事を進めるようにしなければならない。

③「優先順位を決める能力」の点数が低い場合は、仕事の優先順位を決められず、目の前の仕事や緊急の仕事をこなすことで、時間がなくなってしまいがち。まず優先順位を決めてから、仕事を始めるようにする必要がある。

④「コミュニケーション能力」の点数が低い場合は、口頭や文書によるコミュニケーションに課題があるのかもしれない。相手の話をよく聞く、相手に伝わりやすい方法で話す、分かりやすい日本語を書く――などを意識しよう。

⑤「リーダーシップ能力」の点数が低い場合は、所属するチームリーダーの能力に課題があるのかもしれない。リーダーシップの在り方について、よく討議する必要がある。

⑥「チームワーク」の点数が低い場合は、所属するチームの協力体制ができていない可能性が高い。共同で仕事を進める体制を整備する必要がある。

⑦「チームの専門知識・技能」の点数が低い場合は、所属するチームがもっている専門知識・技能が低いか、それらが共有されていないために活用できていない状態だ。会合の充実、専門知識・技能の共有化を進める必要がある。

⑧「業務遂行環境（職場のルール）」の点数が低い場合は、職場のルールが原因で仕事にムダが生じている。社内基準の見直しを検討しよう。

2 「誰がどのようにやるか」で仕事の仕方が変わる

さらに、時間のムダをなくすために必要なことがある。
それは仕事の分類をすることだ。

① 自分1人でする仕事か、他人と一緒にする仕事か
② 事前に想定できる仕事か、想定できない仕事（突発の仕事）か

③ 継続的にする仕事か、企画的にする仕事か
④ 組織の外部への働き掛けが必要か、内部への働き掛けが必要か

これらの違いによって、仕事に取り組む際の留意点や課題、改善策が異なる。
仕事の中身に違いがあるにもかかわらず、同じやり方で取り組むと時間のムダが生じる。

	仕事の分類	留意点	課題と改善策
①1人でする仕事なのか	自分1人でする仕事	仕事の始まりを決める	取り掛かりが遅くなりがちだ →30分以内に始める
	他人と一緒にする仕事	仕事の終わりを決める	期限を決めずに仕事を始めがちだ →実施期限を決める
②事前に分かっていた仕事なのか	事前に想定できる仕事	自分が今やる仕事、自分が後でやる仕事、他人がやる仕事に分類する	無計画だと取り掛かりが遅れる →スケジュールをつくる
	事前に想定できない仕事（突発の仕事）		担当を決められず取り掛かれない →早い段階で打ち合わせをして担当を決める
③継続してする仕事なのか	継続的にする仕事	チェックシートをつくり、仕組みにする	仕事が標準化されておらず、担当者によってかかる時間に差がある →手順書やチェックシートをつくる
	企画的にする仕事	継続して実施する	慣れない企画だと時間がかかってしまう→間隔を空けずに実施する
④社内の仕事なのか、社外の仕事なのか	組織外部への働き掛け	質を上げる	仕事の品質が低くなる →社内のチェック体制を整備する
	組織内部への働き掛け	効率化する	時間がかかりすぎている →書類作成や会議を見直す

3 自分の時間の使い方を振り返り、改善する

時間をどのように使ったかを日ごと、業務ごとに振り返ることも、時間管理には大切だ。

そのために有効なのが、「投下時間分析シート」と「業務分析シート」だ。

「投下時間分析シート」は、時間帯ごとの仕事の内容やその時間の使い方が効率的だったか否か、その理由を記載する。各仕事の内容について時間の使い方を振り返り、改善点を把握する。

表1. 投下時間分析シート

氏名(○○○○　　　)			会社名(○○○○　　　)		
調査日　○年　○月　○日(　○　曜日)					
調査日概要　□超多忙　☑多忙　□平均的　□ひま					
開始時刻	終了時刻	業務内容	効率的だった	非効率的だった	理由(なぜ効率的または非効率的だったか)
8:00	8:15	朝礼	○		参加者が手慣れている
8:15	10:00	Aブロック 丁張り掛け		○	図面と現地の不一致があった
10:00	12:00	出来高測定	○		コンクリート表面の掃除ができていた
12:00	13:00	休憩			
13:00	14:00	協力会社との打ち合わせ		○	準備不足
14:00	17:00	発注者との打ち合わせ		○	後ろ向きの意見が多く、まとまらない
17:00	18:00	協力会社との打ち合わせ	○		議題が決まっていたから
18:00	22:00	変更協議書の書類作成		○	初めて作成するので、要領が分からなかった
業務効率についての現状の課題や問題点 □時間がない　☑人手不足　□業務過大　□専門知識不足　□コミュニケーション不足 □目的不明確　□会議多発　□優先順位混乱 □その他(　　　)					

次に、業務ごとに「業務分析シート」を作成する。

ある特定の業務ごとに、仕事の進め方（スケジュール）とその際の留意点や改善点を記す。

このシートを作成しておくことで、自分自身が次に同じ仕事をしたり、他の人が同じ仕事をしたりする際に、前回と同じミスをしなくなる。

先ほども述べたが、継続的にする仕事と企画的にする仕事では仕事の進め方が異なる。

そこで、表2のような「定型業務」（出来高査定や請求書チェックなど定期的に同じ業務を繰り返し実施すること）と、表3のような「非定型業務」（施工計画や予算の作成などその都度異なる条件の業務を実施すること）に分けて作成すると分析しやすいだろう。

表2. 業務分析シート　使用例（定型業務）

氏名　○○○○		記載日　○年○月○日	
業務項目　出来高査定、請求書チェック			
業務の目的 月次で出来高を正確に査定することで、完成時の支出着地点を正確に算出する			
時期	**具体的な業務内容**	**留意点**	**改善点**
毎月20日	出来高を計測する	正確に計測する	土工事の場合、ドローンを活用する
25日	協力会社に当月出来高を連絡する	出面と出来高をチェックし、大きく相違がないことを確認する	出来高と出面一覧表を作成する
翌月5日	受け取った請求書を注文書や出来高で確認する	未払い、先行支出、完成時残存価値を算出する	システム化する
8日	収支予定調書（今後の支出と収入を予測）の作成	残工事費を正確に算出する	システム化する
10日	収支予定調書を本社に報告	予算との差異をいかにして解決するかを提案する	収支予定調書の勉強会を開催する
12日	工事部会議の開催	個別工事の問題点を討議する	各自の発表を5分以内にする

表3. 業務分析シート　使用例(非定型業務)

<table>
<tr><td colspan="2">氏名　○○○○</td><td colspan="2">記載日　○年○月○日</td></tr>
<tr><td colspan="4">業務項目　実行予算書の作成</td></tr>
<tr><td colspan="4">業務の目的
正確でチャレンジした予算書を作成することで工事原価を低減する</td></tr>
<tr><th>時期</th><th>具体的な業務内容</th><th>留意点</th><th>改善点</th></tr>
<tr><td>着工
1カ月前</td><td>施工計画の作成</td><td>標準的な施工手順に加えて、創意工夫をした施工手順を記載する</td><td>標準手順書を整備する</td></tr>
<tr><td>25日前</td><td>施工検討会の開催</td><td>VE提案の検討をする</td><td>VE提案の勉強会を実施する</td></tr>
<tr><td>20日前</td><td>協力会社への見積もり依頼</td><td>1工種に対して3社から相見積もりを取る</td><td>工種別、地域別で協力会社リストを作成する</td></tr>
<tr><td>14日前</td><td>実行予算書の作成</td><td>積算単価、自社の標準歩掛かり、見積もり結果を参考にして、予算書を作成する</td><td>自社の標準歩掛かりを整備する</td></tr>
<tr><td>10日前</td><td>予算検討会の開催</td><td>見積もり漏れがないかを特に注意する</td><td>短時間で効率的に会議を行えるよう、参加者各自が事前に議題を検討してから会議に参加する</td></tr>
<tr><td>7日前</td><td>実行予算書の修正</td><td>チャレンジした予算書を作成する</td><td>適正な目標設定の基準をつくる</td></tr>
</table>

最後に、「投下時間分析シート」と「業務分析シート」を基に、業務ごとの時間の使い方について問題点と解決策を立案し、一覧表にまとめてみよう。

効率の悪い仕事のやり方、ムダな仕事、質が低い仕事がどの部分にあるのかを明確にする。そのうえで、効率的に業務を行えるよう、それらを改善していく。

表4. 業務推進上の問題点・決策一覧表

段階	問題点	解決策
営業段階	計画的に営業活動をしていない	タイムスケジュールを毎日作成する
設計段階	手戻りが多い	顧客との打ち合わせ(電話を含む)後、議事録を作成する
施工段階(対顧客)	変更が多い	変更可能性があるものについてチェックリストを作成する
施工段階(対協力会社)	指示が伝わっておらず、手直しになることが多い	指示する場合は口頭でなく、書面で伝える
施工段階(対社内)	会社方針からずれることがよくある	日報で上司に早めに相談する
施工段階(対近隣住民)	クレームによる施工中断が多い	毎月1回訪問する
施工段階(その他)	手待ちになることが多い	3週間工程表を作成する
顧客訪問	顧客が不在であることが多い	1カ月前に訪問を予約する
クレーム対応	思い違いによるクレームが多い	取り扱い説明書を充実させる

第9章
効率的に仕事をする人の習慣

1 スケジュールを守れない人の6つの理由
2 論理的な計画だけでは、目標を達成できない
3 時間のムダをなくす5つの方法
4 時間の使い方がうまくなる「30分の法則」
5 目に見えない変化「きざし」を先読みする
6 良い習慣が仕事に良い影響をもたらす

1 スケジュールを守れない人の6つの理由

期限を守れなかったり、期限内に完璧にできなかったりして、仕事に失敗した経験は誰にでもあるだろう。

仕事を期限内に完璧にこなす「プロフェッショナル」になるには、スケジュールを守って業務を効率的に行う必要がある。

そのためには、自分はもちろんのこと、チームメンバーの行動パターンも日頃から把握しておくことが大切だ。

まずは、自分やチームメンバーがスケジュールをきちんと守れるか否かを確認してみよう。

スケジュールを守れない人は、次の6つのタイプに分けられる。

【タイプ1】仕事をやり遂げる能力が足りないタイプ

ほかの人の倍以上の時間がかかることが原因で期限を守れない人。あらゆる工程で悩むことが多く、時間がかかってしまう。

行動パターン

レストランで自分の食べるメニューをなかなか決められない。

「私は決断力が足りない」と言う人もいるが、決められない原因は決断力ではないことが多い。足りないのは知識と経験だ。「決断力」などというあいまいな言葉で自分をごまかしてはいけない。

対策

常にアンテナを張って情報を収集したり、できるだけ色々なことにチャレンジしたりしよう。

そのためにも、できるだけ多くの「人」に会うこと、たくさんの「本」を読むこと、見知らぬ場所に「旅」に行くことが欠かせない。

さらに、日記を毎日つけ、1日の出来事を振り返る習慣を付けることで、自分を客観的にみることができるようになる。

【タイプ2】まだ不十分ではないかと心配するタイプ

仕事がほぼ出来上がっていても、より良くしたいと思い、時間をかけてしまう人。「まだパーフェクトでない」と勝手に思い込み、成果物を提出できずに締め切りを過ぎてしまう。

行動パターン

とにかく誰かからメールが来ていないかが気になり、何度もスマートフォンを手に取ってしまう。いわばスマホ依存症。

対策

思い切ってスマホやタブレットの使用をやめ、従来型携帯電話のガラケーに戻してみては。スマホがなくても困らないことに気付くかもしれない。自分で不十分と感じていても、意外に外から見ると十分だということはある。

【タイプ3】計画を立てても実行しないタイプ

計画を立てて、安心してしまう人。もしくは、いざ実行するとなると、「自分にできるかなあ」とか「できなかったらどうしよう」とかいう不安が先に立ち、計画を先延ばしにしてしまう人のこと。

行動パターン

手帳依存症の人に多い。新しいタイプの手帳が出ると、すぐに使ってみたくなる。手帳にたくさん計画を書き込んで満足してしまったり、手帳を人に見せたりする人も、このタイプかもしれない。

対策

手帳に書いたことを実行したら消していこう。文字を消す心地よさを感じれば、実行する習慣が身に付くかもしれない。

【タイプ4】「大至急」の仕事にばかり目が向いてしまうタイプ

目の前の「大至急」の仕事ばかりに目が向き、難しい仕事は「明日があるさ」と先延ばしにしてしまう人。いつも時間に追われるのだが、結局やるべきことをやれていない。

行動パターン

表面が見えないほど机の上にものが散らかっていたり、車の中が汚かったりする。決してさぼっているわけではないが、前の書類の上に次の書類が重なり、全て不十分なまま仕事を進行させていることが原因だ。「明日があるさ」と開き直ってしまう人も多い。

対策

机の上の要らないものを1時間ごとに捨てよう。イメージは「キッチンのまな板の上」だ。料理をするときには、まな板の上で野菜を切るたびにへたを捨てるし、肉を切った後は肉汁を洗い流して布巾でさっと拭くだろう。机もキッチンのまな板のように作業をするたびにきれいにしておきたいものだ。

また、車に何かを乗せたまま夜を越さないように心掛けると、自分の周りに物がないことが快感になるかもしれない。

【タイプ5】先にできないことの言い訳をするタイプ

「忙しいからできない」とか「難しいからできない」とか、仕事に取り掛かる前にできないことの言い訳をする癖がある人。挙げ句の果てに、「僕はバカだからできない」と言う人もいる。

行動パターン

「忙しい」からといって本を読まないが、時間があればインターネットでフェイスブックやツイッターなどの交流サイト（SNS）を眺めている。ただし、「忙しい」ので投稿やコメントはしない。

対策

まずは、映画鑑賞から。自宅でDVDを見るのでなく、映画館に行って、まとまった時間を1つのことに専念する習慣を身に付ける。

【タイプ6】「ああ、面倒くさい」が口癖のタイプ

「面倒くさいから」という理由で行動しない人。1から5のタイプは、能力や心の持ち方が原因だが、このタイプは性格が原因。性格はそう簡単に改善できないので、一番困ったタイプだ。

行動パターン

「コピペ（コピーアンドペースト）」が大好き。すぐに楽をしようとして、大切な書類でもコピペをする。その結果、コピペした部分の修正を忘れて、書類の記載ミスが起こることが多い。

対策

瞑想をお勧めする。毎朝5分程度でよいので、目をつぶってじっとしよう。正座が一番よいが、あぐらをかいても椅子に座ってもOKだ。頭の中を真っ白にする時間を持つことで、性格を少しずつ変えることができるはずだ。

プロジェクトは、決して1人では完結できない。1人でやっている仕事なら「私は期限を守れないから」で済むが、プロジェクトはチームでやるもの。1人の問題でプロジェクト全体が遅れると困った事態になる。

また、自分自身はスケジュール通りに仕事を進めても、時間にルーズな人がチーム内に多いと、プロジェクト全体の期限を守れない恐れも出てくる。チームメンバーのタイプを把握し、それに合う解決策を考えることも必要だ。

2 論理的な計画だけでは、目標を達成できない

皆さんは行動計画を立てる習慣があるだろうか。目的や目標を設定しただけで、安心してしまっている人をよく見かける。重要なのは、行動計画を立案すること。行動計画は以下の3つのステップで考えると実行しやすい。

① 論理的な手順を決める
② 障害の乗り越え方を考える
③ やる気を出し、維持する方法を考える

【事例1】

預金を例に考えてみよう。

■目標

1年間で100万円の預金をする

■行動計画

①論理的な手順を決める

預金を増やす方法を論理的に考えると答えはすぐに出る。それは、収入を増やして支出を減らすこと。収入が一定だとすれば、1カ月に使うお金（支出）を減らす方法を考えればよい。

行動計画①

毎月10万円を給与から定期預金に入れる

②障害の乗り越え方を考える

預金の障害は、クレジットカードによる消費だ。カードを持っていると、つい欲しいものを衝動的に買ってしまうことがある。購入金額が預金口座から引き落とされるので、なかなか残高を増やすことができない。

行動計画②

クレジットカードを解約する

③やる気を出し、維持する方法を考える

人に物欲は付き物。「預金をしよう」と決意しても、時間がたつとその欲望に負けてしまうこともある。時間がたっても、やる気を維持する行動計画を立てよう。

行動計画③

1年間で120万円を貯めたら、目標100万円との差額の20万円を好きなことに使う

【事例2】

粗利益を向上させるプロジェクトを例に考えてみよう。

■目標

粗利益を2%向上させる

■行動計画

①論理的な手順を決める

預金と同様に、売り上げを増やして支出を減らすと利益は向上する。その方法を考えて、行動計画に落とし込む。

行動計画①

顧客にVE提案を5つ提出し、売り上げを増やす

外注業務ごとに3社から見積もりを取り、支出を減らす

②障害の乗り越え方を考える

ミスや事故、自然災害、想定外の支出などは障害に当たる。あらかじめリスクを予測し、障害を防ぐための行動計画を立てる。

行動計画②

事故防止のため、パトロールの回数を増やす

盗難防止のため、施錠箇所を増やす

自然災害防止のため、避難場所を確保する

③やる気を出し、維持する方法を考える

現場の雰囲気を良くして、作業員のやる気を維持することで利益を上げることができるだろう。

行動計画③

懇親会を毎月1回開催する
作業員の誕生日を毎月祝う。

このように、3つのステップを経ることで、目標に見合った行動計画を立てることができる。

私も猛暑の工事現場で働いていたとき、上司の粋な計らいにより、作業員全員でホルモン焼きを食べに行ったことがある。今思い返すと、これも「工事を成功させる」目標のための「やる気を出させる」行動計画だった。

おかげで、それまでへばっていた作業員のやる気も上がり、工事は大成功で終えることができた。

明確な目標を基に、3つのステップで行動計画を立てれば、「ホルモン焼きを食べに行く」というアイデアも浮かびやすくなるだろう。

3 時間のムダをなくす5つの方法

皆さんのなかには「時間の使い方が下手だ」と自覚している人もいるだろう。

仕事の計画が決まり、いよいよ実行となっても、なかなかスケジュール通りに進まないこともあるはずだ。それは時間の使い方にムダがあるからだ。

ムダをなくすために心掛けるべき5つのポイントを紹介しよう。

①「いつもの」をやめる

あれもこれも片付けなければならない仕事があるのに、どれから手を付けていいのか分からない。後から次々に入ってくる仕事に追われているうちに、本来やるべき仕事ができなくなる——。そんな経験をしたことはないだろうか。

仕事を迅速かつ完璧に進めたい――。
誰もがそう思っているはずだ。

スピーディーで質の高い仕事をするには、どうすればよいか。
それは、決断力を身に付けることだ。
今何をすべきで、何をすべきでないかを考え、決断することでスケジュールを守ることができる。

では、どうすれば決断力が付くようになるか。
それは、無意識でやっている「いつもの」行動をやめることだ。

いつもの通勤コースで駅に向かう。いつもの店でランチを食べる。仕事が終わったら、いつもの場所で友人と待ち合わせる。帰宅したら、いつものテレビ番組をだらだら見てしまう。
このように漫然と生活していると、「すぐに」と頼まれた仕事や目の前の仕事を無意識に優先してしまいがちになる。

普段から「無意識の行動」をやめることから始めよう。
例えば駅に向かう道は、最短コース、草木の多いコース、信号のないコースといったように、毎日コースを変えてみる。
昼食は、インターネットで調べた評判の店に行ってみる。
友人との待ち合わせは、おしゃれな喫茶店にしてみる。
テレビ番組は、どうしても必要ものだけを見る。

このように、「いつもの」生活をやめるだけで決断力が身に付く。結果として、ムダな行動を減らすことができる。

②「出来栄え、なんぼで、何日で」と伝える

本来なら自分でやるべきでない仕事を部下に任せられない人がいる。
「部下に任せるより自分でやる方が楽だ」とか、「部下に任せると二度手間になるので、自分でやる方が速い」とかいった理由からだ。

実は、そういう人に限って、部下への指示の仕方に問題がある場合が多い。
部下に指示するときは、次の5項目を伝えることが大切だ。

■目的＝何のための仕事なのか
■内容＝どのような仕事の内容か
■品質＝どの程度の仕事の質（出来栄え）を要求するか
■コスト＝いくらまで費用を掛けてよいか
■納期＝いつまでに終わらせなければならないか

「目的、内容、品質、コスト、納期」を正確に伝えることで、部下の仕事に満足いく成果を期待できるようになる。
仕事の伝え方は「出来栄え、なんぼで、何日で」と覚えるとよい。

③時間のバランスを見直す

「時間を上手に使う」には、時間の使い方のバランスを知り、見直すことも大切だ。
まずは、自分が1日24時間をどのように使っているのかを分析してみよう。

次の8つの軸で分析する。

健康（運動、睡眠、食事）
仕事（デスクワーク、外回り、打ち合わせ）
経済（買い物、投資、副業）
家庭（旅行、食事）
社会（ボランティア、ライフワーク）
人格（趣味、読書、掃除）
学習（勉強、資格試験、教養）
遊び（友人との会話、休憩、テレビ、ゲーム、インターネット）

このように分析すると、「仕事に時間を使いすぎて、家庭の時間がほとんどない」や「遊びに時間をかけすぎて、健康のための時間が足りない」など、時間の使い方のバランスが悪いことに気付くだろう。

時間の使い方を意識することで、今より時間をかけるべきことや今ほど時間をかけなくてもいいことが分かり、そのバランスを見直せるようになる。

私自身、時間の使い方を分析する前は、典型的な仕事人間だった。健康のために運動することもなかったし、家族との時間を持つこともなかった。

分析後、これではいけないと一念発起。スポーツクラブの会員になり、仕事がどんなに忙しくても、時間をつくってジムに通うようになった。夏季休暇での旅行や記念日の外食など、家族で過ごす時間も大切にするようになった。

すると、心身ともに快調になった。結果的に、仕事に集中できるようになり、作業効率を上げることに成功した。

④「絶好調タイム」を知る

仕事には波に乗って作業が進む時間帯と、どうしても作業がはかどらない時間帯がある。

こうした時間帯は、早朝であったり深夜であったり、人によって様々だ。

ただ共通するのは、波に乗って仕事ができる時間帯は1日2回、各90〜120分間ずつあることだ。

この自分の「絶好調タイム」を知ることが時間を有効に使う秘訣かもしれない。

では、自分の絶好調タイムを知るには、どうすればよいか。

早朝、午前、午後、深夜など様々な時間帯に同じ仕事をしてみることだ。

そのなかで生産性が高いと感じた時間帯が自分の絶好調タイムだ。

私の場合、午前5時〜7時と午後6時〜8時が絶好調タイムだ。誰にも邪魔されない早朝に、太陽が昇るのを見ながらパソコンに向かうと気持ちがよい。また夕方に、「これが終われば、おいしい夕食とワインが待っている」と思うと、仕事が非常にはかどる。

自分の絶好調タイムが分かったら、その時間帯に難易度の高い仕事に取り組もう。波に乗って仕事ができる分、質の高い仕事が短時間でできるはずだ。

⑤「前半主義」で進める

「前半主義」とは、1日のうちなら午前中、1週間なら水曜日まで、1カ月なら15日まで、その間にすべき仕事の70%を終えることをいう。

「2：8の法則」を聞いたことがあるだろうか。

「仕事の80%は20%の時間ででき、残りの20%の仕事に80%の時間がかかる」という意味だ。

逆に言えば、50%の時間が経過している段階で仕事の50%しか完了していなければ、期限までに仕事を終えられない可能性があるということだ。

私は、1年を12カ月ではなく、52週と捉えている。

4月15日は4月中旬でなく第16週、10月10日は10月上旬でなく第41週といった具合だ。欧州の会社では週単位で仕事を考えるのが珍しくなく、第何週と書かれている手帳もあるほどだ。

例えば、3月8日に資格試験があり、現在が1月1日だとする。この場合、試験までの期間を「あと2カ月」ではなく、「あと10週」と捉える。そのうえで、「第2週までに参考書の○ページまで、第5週までに△ページまで終わらせよう」と考えることで、前半主義で勉強を進めることができ、試験への準備が間に合うことになる。

仕事には必ず締め切り（期限）がある。作業が遅れて締め切り前に慌てることも多いが、前半主義を心掛けることで、余裕を持って質の高い仕事ができるようになる。

これまで説明した5つのポイントに気を付けて行動してみよう。時間のムダが減ることで、仕事をスケジュール通り遂行できるようになるだろう。

4 時間の使い方がうまくなる「30分の法則」

「どうしても時間が上手に使えない」という人は、「30分の法則」を心掛けてみてはどうだろうか。

30分間を1つの節目と捉えると、時間の使い方がうまくなる。

【30分の法則①】仕事を依頼されたら、すぐに30分だけ取り掛かる

上司や顧客から「○○の書類をつくってほしい」、「△△を調査してほしい」、「□□をレポートしてほしい」といった仕事の指示や依頼を受けることがあるだろう。

そんなとき、皆さんならどうする?

なかには、「はい、分かりました!」と威勢のいい返事をしても、なかなか作業に取り掛からない人もいるのではないか。

そういう人に限って、数日後にやり始めると、「書類の形式はどうすればいいのだろう?」、「どこに調査すればいいのだろう?」、「どれくらい詳しくレポートをまとめればいいのだろう?」と、疑問が次々に湧いてくる。上司や顧客に確認しようとメールや電話をするが、あいにく相手は不在。仕事が前に進まず、せっかく取った時間もムダになる。

こうした時間のムダ遣いを防ぐのが、30分の法則①「仕事を依頼されたら、すぐに30分だけ取り掛かる」だ。

この法則に従えば、仕事に対して疑問が湧いても、依頼者が近くにいることが多いので、すぐに内容を確認できる。

「(マイクロソフトのワープロソフトの)Wordを使って書類を作成してほしい」、「まずは国土交通省に問い合わせてほしい」、「A4判用紙1枚にまとめてほしい」など、上司や顧客から即座に回答をもらえるだろう。

そうしたら、それまでしていた仕事を続け、それが一段落したら、改めて依頼された仕事に取り組めばいい。こうすることで、ムダな時間を省くことができる。

【30分の法則②】問い合わせには、30分以内に回答する

仕事に関して顧客や取引先からメールやFAXで問い合わせがあったら、皆さんはどのように対応しているだろうか。

問い合わせがあったときは忙しくて、つい回答を後回しにしてしまい、問題となったことはないだろうか。

数時間後に問い合わせ先に電話をしたところ、相手が不在で連絡が取れない。何度も電話をかけ直して時間を空費したり、問い合わせそのものを忘れてしまってクレームになったりしたこともあるのではないか。

対応を後回しにせず、「30分以内に回答する」と決めてみてはどうだろう。問い合わせをした人も、30分程度ならパソコンかFAX機の近くにいる可能性が高い。こちらからの電話もつながりやすく、何度もかけ直す手間を省くことができる。

一般に、問い合わせをしたときが知りたいときだ。問い合わせがあったら、すぐに対応することが顧客満足につながると心得るべきだ。

【30分の法則③】嫌なことや苦手なことは、まず30分だけやってみる

誰にでも仕事で嫌なことや苦手なことはある。嫌で苦手な仕事だからこそ、それらを後回しにしてしまう傾向もある。

しかし仕事である以上、いくら嫌で苦手なことであっても、最終的にやり遂げなければならない。

仕事を先延ばしにした結果、期限が間近に迫るなかで慌てて作業に取り掛かり、ミスを連発。何度もやり直す羽目になり、一層その仕事が嫌になる。そんな経験をした人もいるのではないか。

こうした悪循環を断ち切るには、30分の法則③「嫌なことや苦手なことは、まず30分だけやってみる」。

実際にやってみて、30分たったらやめても構わない。いざ始めると、それほど嫌でなかったり、苦手だと感じなかったりすることもある。

これは仕事に限らず、読書や資格試験のための勉強にも当てはまる。嫌で苦手なことは、どうしても気が進まず、後回しにしがちだ。しかし、「30分だけ」とやり始めると、意外に面白くなってくる。気が付くと、2時間以上も取り組んでいたということもあるだろう。

【30分の法則④】やめたい癖は30分だけ我慢しよう

誰にでも悪い癖はある。

インターネットでSNSをだらだら眺めてしまう。ついタバコに火を付けてしまう。帰宅すると、すぐテレビをつけてしまう。お風呂に入ると、ビールが飲みたくなる……。

また、法則③で述べた「嫌なことや苦手なこと」に取り掛かろうとすると、それを先延ばししたいがために、不意に机の上の整理や部屋の掃除、読書を始めたりしてしまうこともある。

このような悪い習慣を断ちたいと思ったら、30分の法則④「やめたい癖は30分だけ我慢しよう」。その際には、「30分たったら、やってもいい」と自分に言い聞かせる。

すると、どうだろう。不思議なことに、30分たっても、その癖をやりたいと思わなくなる。

5 目に見えない変化「きざし」を先読みする

チームメンバーが時間を効率的に使うために、特にリーダーに必要とされるのが「先読みする力」だ。

「きざし」という言葉を聞いたことがあるだろう。

きざしは「萌し」と「兆し」の2つの漢字を当てる。

萌しは五感で感じられる変化を、兆しは五感で感じられない変化を表す。英語では、萌しを「ウェーブ（波）」、兆しを「トレンド（潮流）」という。

季節に例えると分かりやすい。

2月中旬の立春を過ぎると次第に春の風が吹くようになり、3月に入って梅のつぼみが膨らむと春が近づいていることが分かる。こういった目に見える変化を萌しという。

一方、1年で昼の時間が最も短い12月の冬至を過ぎると、昼の時間が次第に長くなり、着実に春に向かっていく。しかし、体感的には冬至以降、ますます寒さが厳しくなる。このように体に感じることはできないが、実際に起こっている本格的な転換のことを兆しという。

時間を効率的に使っているリーダーは兆しをみる力が強い。

特に、料理人の世界では、変化に気付く能力が必要だと言われている。
例えば、「焼き場」と呼ばれる魚を焼く仕事。お客に魚を半生の状態で出してはいけないし、焦がした状態で出すわけにもいかない。火がほどよく通るタイミングを見極めることが重要だ。

経験の浅い若い料理人はそのタイミングをつかむのに苦労するが、ベテランの料理人はほかに作業をしていても、ほどよい焼き加減を若手に指示できる。
このとき、ベテランの料理人は兆しをみていると言える。

魚が焦げた臭いがしたら、それは焦げた萌しであり、誰にでも分かる。ベテランの料理人は、「この魚ならこの火加減で○○分」というデータが頭に入っているので、たとえ焼き場にいなくても、「ここぞ」というタイミングが分かる。目に見えなくても、音が聞こえなくても、臭いがしなくても、底流にある変化を読み取っているわけだ。これこそが兆しをみる力だ。

建設業界でも同じことが言える。
スケジュールが遅れて、予定通り竣工できない可能性があるとする。日々、スケジュールからの遅れを分単位で確認し、問題があれば手を打つ。これを「兆しを読む」という。自ら問題（兆し）の把握に努め、見直しを繰り返す。望ましいスケジュール管理法と言える。

少しスケールの大きな話になるが、日本や世界の経済が良くなっているのか、悪くなっているのか、その兆しを読むことも大切だ。

失業が増えたり、物価が上がったりするのは、目に見える変化なので景気の萌しと言える。この変化（萌し）が見えてから、手を打つのでは遅い。

経済の底流にある目に見えない変化（兆し）を感じ取り、先手を打つことが重要だ。例えば、輸入資材の価格が上がりそうなら予約購入をする。将来の景気回復に伴う人材不足が予想されるなら、不況下でも新卒社員の採用を増やす。こういった先を読んだ対応が必要だ。

では、日本経済の変化の兆しはどのようにみればよいのか。

例えば、日本経済新聞の電子版に「経済指標ダッシュボード」が載っている。これを分析すると、日本経済の変化の兆しを読み解くことができる。

この欄は、国内総生産（GDP）、住宅・建設投資、労働、消費など、4年前と3年前、2年前、1年前の数値がそれぞれ載っている。

これらのデータのなかで、自分が担当しているプロジェクトに関連する数値を見続けることが必要だ。

例えば、有効求人倍率や完全失業率の推移を見ていれば、今後の雇用環境を予測でき、自社の新卒採用や協力会社への外注額を調整できるようになる。また、貿易収支の推移を見ていれば、輸出入環境を理解できるので、資材を輸入するタイミングを計れるようになる。

さらに、個人消費の動向を示す消費支出の推移を見れば、民間工事の受注に力を入れるべきかどうかが分かる。公共工事請負金額や企業倒産件数の推移を見れば、国内需要の動向をつかめるので、今後の受注目標を立てやすくなる。

このように、数値を丹念に見続けることが大切だ。

身近な話題に戻そう。

お客からの「遅い、間に合わない」というクレームは、明確に表れている現象なので、変化の萌しだ。スケジュール管理では、目に見える変化である萌しが現れたときには、もう手遅れなのかしれない。

社員が高齢化してから、慌てて新卒を採用する。工事量が増えてから、慌てて派遣社員の確保に動く。協力会社に仕事を断られたので、慌てて新たな外注先を探す……。このように、萌しが現れてから動くようでは、十分な成果は上げられない。

リーダーは常に、体に感じることはできなくても、移ろいゆく本格的な転換である兆しを意識しておく必要がある。

萌しが現れる前に兆しを感じることができれば、プロジェクトを成功に導ける立派なリーダーになれるだろう。

6 良い習慣が仕事に良い影響をもたらす

整理、整頓や報連相（報告、連絡、相談）、読書など、良い習慣が身に付いていると、特に努力しなくても、仕事を効率的に進めることができる。

一方、テレビやインターネット、飲酒、喫煙などに時間を使いすぎると、生産的な時間が減り、結果として仕事にかける時間が短くなってしまう。

良い習慣を身に付けると、時間管理がしやすくなる。

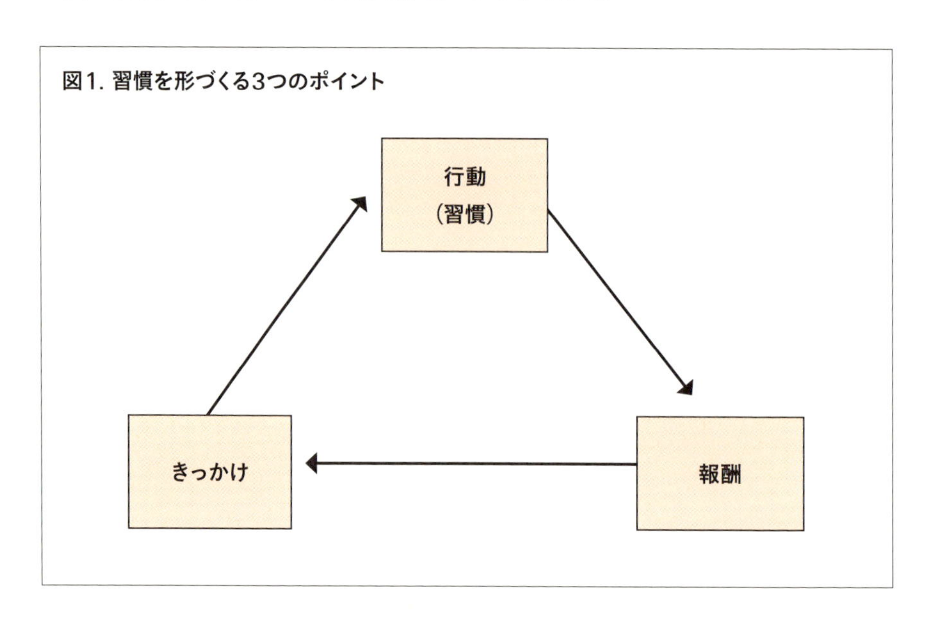

図1. 習慣を形づくる3つのポイント

しかし、分かっていても、なかなか改善できない。それが人間のさがとも言える。そこで、正しい習慣を身に付ける方法を紹介しよう。

まず、習慣には「きっかけ」と「行動」、「報酬」の3つのポイントがある。

そのうえで、良い習慣を身に付けるには、次の2つが必要になる。
①シンプルで分かりやすいきっかけ
②具体的な報酬

例えば、ジョギングの習慣がある人は、次のようになる。

きっかけ:朝起きてトレーニングウエアを見る
習慣:ジョギングをする
報酬:ランニングハイ(高揚感)

つまり、ジョギングを習慣にしている人は、朝起きてすぐにトレーニングウエアを着ること(きっかけ)で走ることが身に付いているわけだ。その結果、ランニングハイという報酬を得ている。

裏返せば、やめたい習慣があるときは、同じきっかけで同じ報酬を得られる習慣を始めればよい。

例えば、夜にビールを飲む習慣をやめたい人は、報酬であるのどごしの爽快感を得られる他の習慣を身に付ければよい。

きっかけ:夜のお風呂上がり
習慣:ビールを飲まずに炭酸水を飲む
報酬:のどごしの爽快感

ビールを炭酸水に置き換えると、のどごしの爽快感を得られると同時に、酔っ払うこともなくなるので、食後に資格試験の勉強や読書をする時間もできる。時間を有効に使えるようになる。

良い習慣が他の良い成果を生み出すこともある。

業績低迷に悩むある建設会社は「労働者の安全」をテーマに掲げ、安全対策を全社に徹底させた。その一環として、「ヒヤリハット報告」を習慣化するために、報告そのものを社員の昇格や昇級の条件にした。

きっかけ:ヒヤリハット
習慣:事故報告
報酬:昇格、昇給

その結果、些細なヒヤリハットから作業手順を見直すようになった。機械の点検方法が緻密になり、工期が短縮、品質も向上。業績まで上がった。

この場合の安全対策を「キーストーンハビット(鍵となる習慣)」という。キーストーンハビットを徹底させることで多くの副次効果が生まれる。

建設現場で「5S(整理、整頓、清掃、清潔、しつけ)」を習慣化すると、次のようになる。

きっかけ:午後5時にチャイムを鳴らす
習慣:分担を決めて掃除をする
報酬:5S表彰をする、仕事が効率化する

現場で5Sを習慣化すると、工期短縮や原価低減につながる。この場合のキーストーンハビットは5Sだ。

また、現場で働く人が挨拶を習慣化すると、次のようになる。

きっかけ：朝、夕
習慣：名前を呼んで、挨拶して、一言添える
報酬：朝礼で最優秀挨拶賞を表彰する、仕事が円滑に進む

働く人が挨拶を習慣化すれば、現場に活気が出て、「良い工事」を推進できる。この場合のキーストーンビットは挨拶だ。

余談だが、仕事だけでなく、私生活でもキーストーンハビットはある。

例えば、通勤時に駅のエスカレーターに乗らずに階段を歩くようにするなど、運動を習慣化することで、食生活が向上する。酒量や喫煙量も減り、家族との関係も良くなる。その結果、心身ともに快調になり、仕事の生産性も上がる。

このように、いったん良い習慣が身に付くと、連動して様々な良い影響が現れてくる可能性がある。

時間を有効に使うために、習慣を変えてみてはどうだろうか。

第10章
「もうだめだ」を克服した猛者たち

1 決死の大発破で8カ月の遅れを挽回した黒部ダム

2 東日本大震災から過去最速で復旧した東北新幹線

3 100年前に台湾で東洋一のダムを造った八田與一

建設現場で働いていると、「もう間に合わない」とか「もうだめだ」とか思うことも多いだろう。

それは歴史に残る大きな工事でも同じ。いつの時代でも、どのような現場でも、「時間」と「品質」との戦いが繰り広げられている。

過酷な状況を乗り越え、工期を守りながら、質の高い工事を行ったからこそ、後世に受け継がれる建造物を造ることができたのだろう。

そうした偉業を成し遂げた“猛者たち”のスートーリーを紹介しよう。現代の建設現場にも取り入れられる教訓がたくさんあるはずだ。

1 決死の大発破で8カ月の遅れを挽回した黒部ダム

まずは、映画「黒部の太陽」で有名な黒部ダム。

「黒部の太陽」は、約80mに及ぶ大破砕帯に遭遇しながらも、ダム建設のための資材運搬路「大町トンネル」を、苦労に苦労を重ねながら掘り進む物語だ。

私が「黒部の太陽」を初めて見たのは小学生の頃だ。大町トンネルを貫通させるために、危険を顧みずに日々奮闘する人たちの姿を見て、「これが男の仕事だ」と感銘を受けた。

大学では「土木」を学んだ。卒業後は、大町トンネルを施工して映画のモデルとなった熊谷組に就職した。

熊谷組の採用試験では、人事担当者から「どんな工事を希望しますか」と尋ねられたので、「黒部の太陽のような仕事がしたい」と即答した。

すると、希望がかなった。当時、国内でトンネルやダムの工事が最も多かった中部地方に配属となった。

奇しくも、私が生まれた1961年に完成した黒部ダムは、私自身の人生をも大きく変えたと言っても過言ではない。

黒部ダムの建設当時、日本は高度経済成長の只中にあり、特に関西地方は電力不足に苦しんでいた。今では考えられないことだが、私が当時住んでいた神戸市では頻繁に停電が起こり、ろうそくで食事をした思い出がある。そうした電力不足を解消するため、急峻で水量の豊富な黒部川に、発電を目的としたダムを造ることになった。

黒部ダムは幅492m、高さ186mの国内最大規模のアーチ式ダムとして設計された。ダムの下流に開設する黒部川第4発電所が稼働すれば、当時の大阪市の電力需要の5割に当たる25万kwを賄えるという計画だった。

着工は56年。長野県大町市から掘り進む大町トンネルの工事では、全断面掘削機をはじめ、当時の最新鋭機材が次々と投入された。工事は当初、順調に進んだ。

だが翌57年、大破砕帯に遭遇。坑口から1691m掘り進んだ地点で、突然地盤が盛り上がり、およそ100㎥の岩や土砂を押し出した。さらに、最大で毎秒660ℓにも及ぶ地下水が噴出した。

崩れた切り羽から吹き出す水の勢いはすさまじく、水温4℃の冷たい水が作業員を容赦なく襲った。しかも、掘っても掘っても土砂が崩れ、全く前に進めない状況。

写真1. 黒部ダム

幅492m、高さ186mの国内最大規模のアーチ式ダムとして、1961年に完成した
(写真:関西電力)

黒部ダムの工事が暗礁に乗り上げている——。そんな報道が巷で話題になった。

トンネルのルートの変更も検討されたが、現場の意見で当初計画の大町ルートは変更せず、破砕帯の突破に全力を尽くすことになった。

水抜きのためのパイロットトンネルを何本も掘って水抜きをするとともに、ボーリングした孔からセメントミルクを注入して破砕帯を固めるハイドロック工法を新たに採用した。

しかし57年9月には、切り羽から噴き出す水の量が毎秒500ℓから660ℓまで増えていた。手掘りでは1日20cmしか進まない日もあったが、それでも掘り続けた。

現場での苦闘が続くなか、秋の深まりとともに気温が下がり、水量が徐々に減少。12月に入ると、切り羽からの水の量がしたたるほどになった。

このときまでに掘ったパイロットトンネルは10本を数え、総延長は500mに及んだ。ボーリングでぶち抜いた水抜き孔は124本に上り、長さは2898mに達していた。湧水の影響でハイドロック工法の効果も効き始めていた。

そして、12月2日午後2時35分、大町トンネルの起点から1863.6m、破砕帯に遭遇してから82.6m進んだ地点で、ついに切り羽に強固な岩盤が露出した。破砕帯を完全に突破した瞬間だった。

当初6年と見込まれていたダム本体の工期は、大町トンネル工事の破砕帯との遭遇で大幅に遅れ、ダム完成までの実質的な猶予は5年しか残っていなかった。ダム工事は急ピッチで進められた。

工期短縮を図るため、56年から57年にかけて作業員50人が越冬。富山県黒部市から掘り進む「黒部トンネル」を、ダム建設現場から迎え掘りすることになった。氷点下20℃の雪と氷の世界で、作業員が越冬することはそれまで例がなかった。越冬隊員は全員、栄養不足で体重が減り、身長まで縮んだ。野菜の欠乏は深刻で、精神に失調をきたす者も出てきた。しかし隊員らは皆、献身的な努力により、5カ月以上に及ぶ越冬生活を耐え抜いた。

57年4月、黒部トンネルの迎え掘りをするため、標高2700mの立山を越えて資材や食料をダム建設現場に運ぶ雪上輸送が始まった。トンネル掘削用ジャンボや大型ドリル、ディーゼルコンプレッサーなどの大型建設機械を、ブルドーザーが引くそりに積み込み、立山の尾根から急斜面（平均斜度18度）を滑り降りて、ダムの建設現場まで運ぶという計画だ。輸送部隊は、出発から3週間後の4月21日、苦労してダムサイトに到着。立山越えの雪上輸送ルートが開通したことで、建設機械や火薬、軽油などの資材のほか、米をはじめとする食料が続々とダム建設現場に運び込まれるようになった。

こうして、黒部トンネルの迎え掘りをする体制が整った。

掘削工事では通常、岩盤にベンチのような小段を設けて階段状に掘削していく「ベンチカット」と呼ばれる工法を用いるが、それでは時間がかかる。そこで、工事の指揮官は工期短縮を図るため、厚さ50mに及ぶ山肌の土砂を大発破で一気に吹き飛ばすことを考えた。

大発破とは、山肌に設けた「タヌキ掘り坑道（奥で左右に枝分かれしたT字形のトンネル）」にダイナマイトを装填する手法だ。装填した全ての火薬を同時に爆発させることで、山肌の土砂を一気に除去することができる。しかし、失敗して土砂が残れば、トンネルの掘削どころか、もはや山肌に近づくことすらできなくなる。しかも、使用する火薬量が多いので、事故につながる恐れもある。大発破は、リスクの大きい工法でもあった。

それでも、工事の指揮官は果断にリスクに挑む。57年6月20日、ダム工事の行方を左右する“運命”の大発破を敢行。20秒後、大量の土砂が吹き飛んだ山肌が姿を現した。ベンチカット工法で数カ月かかる掘削を一瞬で実現。8カ月の工期の遅れを一気に取り戻した。翌58年2月25日、ついに黒部トンネルが貫通。黒部渓谷からの風が大町に吹き込んだ。

3年後の61年、黒部川第4発電所が発電を開始。最新鋭機と人智の結晶により、国内最大級のダム水路式発電所が誕生した瞬間だった。

2 東日本大震災から過去最速で復旧した東北新幹線

1995年の阪神・淡路大震災は81日、2004年の新潟県中越地震は66日、11年の東日本大震災は49日——。

これらは地震後の新幹線の復旧にかかった日数だ。3つの大地震を比較すると、東日本大震災で最も早く復旧していることが分かる。

コンクリートや構造工学の専門家らも、「東日本大震災では、あれだけの地震にもかかわらず、新幹線への被害が想定より少なく、修復の段取りもよかった」と口をそろえる。

11年4月29日に全線で運転を再開した東北新幹線は、東日本大震災で計約500kmにわたって1200カ所の被害を受けた（表1参照）。阪神・淡路大震災では東海道・山陽新幹線が京都—姫路間の約130kmの区間で、新潟県中越地震では上越新幹線が越後湯沢—燕三条間の約90kmの区間で、それぞれ被害を受けている。過去の大地震と比較すると、東日本大震災で東北新幹線が受けた被害区間は、これらをはるかに上回っていることが分かる。にもかかわらず、最も早く復旧できた背景には、過去の大地震から学んだ技術の進歩がある。

復旧までの日数を東北新幹線が大幅に短縮できた理由は2つある。

1つは、阪神・淡路大震災後に全国の新幹線などで順次進めてきた耐震対策を通じて、土木構造物の被害を一定レベルに抑えることができたことだ。

阪神・淡路大震災では、左右逆向きの力がかかって柱に斜めの大きなひびが入る「せん断破壊」によって、高架橋が桁ごと落ちた。しかし、東日本大震災では、高架や橋などに大規模な修繕が必要な被害は生じなかった。耐震対策として鉄筋コンクリートや鋼板を柱や橋脚に巻く補強方法が明確な効果を発揮したと言える。

もう1つは、耐震技術がレベルアップしたことだ。阪神・淡路大震災を教訓に、関係法令や設計指針の耐震基準が見直された。建築基準法、道路橋示方書、鉄道構造物等設計標準（耐震設計）、河川砂防技術基準（案）、官庁施設の総合耐震計画基準、水道施設耐震工法設計指針、下水道施設の耐震対策指針など、より厳しい耐震基準が設定された。

耐震技術に加えて、免震や制振の技術開発も進んだ。免震と制振を複数組み合わせたハイブリッド型も登場。IT技術を活用して、逆位相の揺れを与えて地震の揺れを相殺する「アクティブ制振」も広がっている。こうした先進技術には、日本のものづくり技術が大きく貢献している。例えば、制振技術に用いるオイルダンパーは電車や車、船などで早くから使われている。免震装置は、ゴムやタイヤのメーカーが以前から積極的に技術開発を進めている。

東北新幹線は東日本大震災の本震で約1200カ所に上る損傷を受けたが、こうしたノウハウと技術の蓄積によって、1カ月もたたないうちに9割以上で復旧工事を完了することができた。

本書でも、リスクをあらかじめ想定することの重要性を説いてきたが、まさにそうした取り組みが実を結んだ好例と言える。

表1. 主な被害状況(JR東日本2011年4月18日発表)

主な被害	3月11日の本震による被害箇所数	4月7日時点
電化柱の折損、傾斜、ひび割れ	約540カ所	約60カ所
架線の断線	約470カ所	約30カ所
高架橋柱等の損傷	約100カ所	
軌道の変位、損傷	約20カ所	
変電設備の故障	約10カ所	約1カ所
防音壁の落下、傾斜、剥離	約10カ所	
天井材等の破損、落下	5駅	1駅
橋桁のずれ	2カ所	
橋桁の支点部損傷	約30カ所	
トンネル内の軌道損傷	2カ所	
合 計	約1200カ所	約90カ所

3 100年前に台湾で東洋一のダムを造った八田與一

最後に、100年近く前に台湾の農民のために幾多の苦難を乗り越えて大規模な灌漑事業を成功させた日本人土木技術者、八田與一を取り上げよう。

大正中期から昭和初期にかけて、與一は台湾の嘉南平原を灌漑して15万haもの農地を開拓する大事業に取り組んだ。堰堤の長さが1000m以上、高さが50mに及ぶダム（烏山頭ダム）と、内径10mを超える導水トンネル（烏山頭隧道）を建設する計画だ。

当時、そのような規模のダムは、日本はおろか東洋にもなかった。與一は台湾の農民のため、故郷の金沢から船で10日もかかる遠方の土地で、前代未聞の大事業に取り組むことになった。與一は言う。

「嘉南平原の全てに水を供給しなければ。農民の間に貧富の差が生まれるのです。土木技術者はただダムを造り、水路を掘って、水を流せばよいのではありません。農民の立場、受益者の立場に立って、考えないといけない。灌漑工事は、農民のために行うのであって、台湾総督府（当時台湾の最高機関）や土木技術者のために行うのではありません」。

1920年9月、嘉南平原の灌漑事業が始まった。與一はそれまで勤めていた台湾総督府を辞任し、灌漑事業組合の技師として事業に専念することになった。

與一は技師として、嘉南平原を潤すダムと導水トンネルの建設を指揮した。

ダム建設では、「セミ・ハイドロリック・フィルダム」という最先端の方式で工事を計画した。日本の内地で実績のあるコンクリートダムを造るとなると、どうしても予算と工期が足りなくなるからだ。

フィルダムとは、石を積んでダムを造る方式だ。石を積んで造ったダムには漏水の懸念もあるが、セミ・ハイドロリック・フィルダムは中央部に粘土を積み上げ

写真1. 烏山頭ダムと八田與一

土木技術者、八田與一が幾多の苦難の乗り越えて造った台湾の烏山頭ダム。
右は現地に設置されている八田與一の銅像（写真：降籏 達生）

ることで水が漏れないようにする。

その粘土を積み上げる方法も特徴的だ。ポンプを介して泥水をホースで遠くまで飛ばす。重い石は近くに落ち、粒の小さい粘土は遠くまで飛ぶ。それを締め固めて粘土層を造る。

水量の多い河川からダムに水を送る導水トンネルの工事でも、與一はやはり予算と工期を守るため新しい工法にチャレンジする。日本の内地でもほとんど実績のないシールド工法でトンネルを掘ることを計画した。

シールド工法とは、円筒状の掘削機を軟弱地盤に押し付け、先端のドリルで掘る方法だ。

日本の内地では当時、東海道本線丹那トンネルの建設工事で唯一採用されていた。トンネルは箱根越えの難所のバイパス（全長7804m）として計画され、18年に工事が始まった。與一が台湾で計画した導水トンネルの起工の4年前のことだ。

ただ、丹那トンネルの工事では、作業員が崩れた土砂で生き埋めになったり、地下水の噴出で67人が死亡したりする事故が相次いだ。そのうえ、工期は予定より16年も遅れ、工費も当初予算より1800万円近く多くかかった。

実績のないセミ・ハイドロリック・フィル方式でダムを造れるだろうか――。
シールド工法でトンネルを掘って、多くの犠牲者が出ないだろうか――。

與一は疑問や不安を解消するため、22年3月に「土木先進国」の米国に渡った。米国を訪ねた目的は、導水トンネルの掘削工法を決めること、現地のセミ・ハイドロリック・フィルダムを見ること、工事を円滑かつ安全に進めるための大型建設機械を購入すること――の3つだ。

米国の技術者は、日本で実績がないことに加え、與一が30代半ばと若かったこともあり、台湾でのダムやトンネルの計画に反対した。
セミ・ハイドロリック・フィルダムの計画については、「中心のコンクリートコアが低い」、「余水はけ（ダムにたまりきれない水を排水する方法）が良くない」と指摘。シールド工法による導水トンネルの計画についても、「経験がなければ、内径8.55mのトンネルなど掘れるものではない。強いてやるとすれば、内径4.5mのトンネルを2～3本掘ればよいのではないか」と反対した。

こうした意見を踏まえ、與一はシールド工法の採用を断念。従来工法でトンネルを掘ることにした。一方で、ダムは当初の計画通り、セミ・ハイドロリック・フィルダム工法で施工することにした。
與一はその傍ら、工事に使用する大型建設機械を見て回り、用途や性能などを確認したうえで購入した。土砂を積み上げるためのエアダンプカー、掘削に使用するスチームショベル、残土を処理するドラグラインショベル、土砂を転圧するスプレッターなど、最新鋭の建設機械を次々と入手した。
與一は、いずれ機械化施工の時代が到来するとみていた。多額の投資になるが、工事のスピードアップや労働者の安全確保を図るには、そうした建設機械が必要だと考えていた。

與一は台湾に戻った後、工事に着手。セミ・ハイドロリック・フィルダムの工事は、米国の技術者の懸念をよそに順調に進んだ。現場では、土を運び、石を積み、粘土を締め固める作業が延々と続いた。列車で土を運ぶ音、ポンプで水を吹き出す音、粘土を締め固める音で、現場は活気に満ちていた。

28年6月、導水トンネルが貫通した。1年半後の30年2月、ダムが竣工。長さ1273m、高さ56mの東洋一の土堰堤が姿を現わした。

危険を予知する能力、新しいことにチャレンジする挑戦力、そのために単身で米国に渡る行動力、周囲に反対されても最後は自己の信念を貫く決断力——。

こうした與一の優れた資質が、10年という短い工期で東洋一のダムと大規模な導水トンネルを完成させ、台湾の農民を救ったのだ。

参考文献

第3章、第4章、第5章、第6章、第7章
「工事歩掛要覧　改訂20版(建築、設備編)」 経済調査会積算研究会編 (一般社団法人経済調査会)
「建設工事標準歩掛　改訂53版」(一般財団法人　建設物価調査会)
「工事の品質と生産性向上のための手引き(クリティカルパス法・リーンコンストラクション等現場改善ツールの手引き)2015」(一般社団法人全国土木施工管理技士会連合会)
「今すぐできる建設業の原価低減」降籏達生著(日経BP社)
「目標を突破する実践プロジェクトマネジメント」岸良裕司著　村上悟監修(中経出版)
「建設業の社長さん、今すぐ工期短縮を始めなさい!」永瀬幸彦(カナリア書房)
「マネジメント改革の工程表」岸良裕司著(中経出版)
「現場で生かす工程管理」高谷勝著(理工図書)
「建築工程表の作成実務」工程計画研究会　編著(彰国社)
「見方、かき方　建築工事の工程表」渡邉芳廣著(オーム社)
「土木技術者のためのネットワークプランニング」土木施工管理技術研究会(財団法人地域開発研究所)
「建築技術者のためのネットワークプランニング」建築施工管理技術研究会(財団法人地域開発研究所)
「経営に活かす原価管理」地域経済研究所コストコントロール部会　石岡秀貴、高田守康著(一般財団法人建設業振興基金　建設業しんこう)

第8章、第9章
「その仕事のやり方だと、予算と時間がいくらあっても足りませんよ。」降籏達生著(クロスメディア・パブリッシング)
「その一言で現場が目覚める」 降籏達生著(日経BP社)

第10章
「黒部の太陽」 木本正次著(信濃毎日新聞社)
「プロジェクトX挑戦者たち　曙光激闘の果てに　黒四ダム　1千万人の激闘」NHK「プロジェクトX」制作班著(日本放送出版協会)
「プロジェクトX挑戦者たち 翼よ、よみがえれ　厳冬黒四ダムに挑む　断崖絶壁の輸送作戦」NHK「プロジェクトX」制作班著(日本放送出版協会)
「台湾を愛した日本人──土木技師 八田與一の生涯」古川勝三著(創風社出版)

降籏達生（ふるはた・たつお）

ハタコンサルタント（株）代表取締役
NPO法人建設経営者倶楽部KKC理事長
1961年、兵庫県生まれ。小学生の時に映画「黒部の太陽」を観て、困難に負けずにトンネルを掘り進む男たちの姿に憧れる。83年に大阪大学工学部土木工学科を卒業後、熊谷組に入社。ダム、トンネル、橋梁工事など大型土木工事に参画。95年、阪神淡路大震災時に故郷神戸市の惨状を目の当たりにして開眼。独立して技術コンサルタント業を始める。99年にハタコンサルタント（株）を設立し、代表取締役に。建設業の経営改革や建設技術支援コンサルティング2000件超、建設技術者の育成5万人を超える。自ら発行する建設業向けメールマガジン「がんばれ建設～建設業業績アップの秘訣～」は読者数1万5000人。
ホームページ http://www.hata-web.com/

主な資格は、技術士（総合技術監理部門、建設部門）、APEC Engineer（Civi1、Structural）、労働安全コンサルタント。主な著書に「今すぐできる建設業の原価低減」（2008年、日経BP社）、「建設業コスト管理の極意」（2010年、日刊建設通信新聞社、共著）、「現場代理人養成講座 施工で勝つ方法（2010年、日経BP社）、「受注に成功する！土木・建築の技術提案」（2012年、オーム社）、「その一言で現場が目覚める」（2014年、日経BP社）、「その仕事のやり方だと、予算と時間がいくらあっても足りませんよ」（2015年、クロスメディア・パブリッシング）など。

今すぐできる建設業の工期短縮

2018年6月25日　初版 第1刷発行

著者　降籏達生
編者　日経コンストラクション
発行者　畠中克弘
発行　日経BP社
発売　日経BPマーケティング
〒105-8308　東京都港区虎ノ門4-3-12
装丁・デザイン　浅田潤（asada design room）
印刷・製本　図書印刷

ISBN978-4-8222-5654-8

本書籍に関するお問い合わせ、ご連絡は下記にて承ります。
http://nkbp.jp/booksQA